高等职业教育电子信息类专业系列教材

现代通信技术

主　编　梅容芳
副主编　简　鑫　陈　阳　卢　平
参　编　林英撑　阮　涛　康书雅
　　　　杨　进　屈　珣　周向平
　　　　史明月
主　审　韦泽训

中国轻工业出版社

图书在版编目（CIP）数据

现代通信技术/梅容芳主编. —北京：中国轻工业出版社，2021.2

高等职业教育电子信息类专业系列教材

ISBN 978-7-5184-3151-9

Ⅰ.①现… Ⅱ.①梅… Ⅲ.①通信技术-高等职业教育-教材 Ⅳ.①TN91

中国版本图书馆CIP数据核字（2020）第158870号

责任编辑：张文佳 宋 博

策划编辑：张文佳 责任终审：李建华 封面设计：锋尚设计
版式设计：霸 州 责任校对：朱燕春 责任监印：张 可

出版发行：中国轻工业出版社（北京东长安街6号，邮编：100740）
印　　刷：三河市国英印务有限公司
经　　销：各地新华书店
版　　次：2021年2月第1版第1次印刷
开　　本：787×1092 1/16 印张：9.25
字　　数：220千字
书　　号：ISBN 978-7-5184-3151-9 定价：35.00元
邮购电话：010-65241695
发行电话：010-85119835 传真：85113293
网　　址：http://www.chlip.com.cn
Email：club@chlip.com.cn
如发现图书残缺请与我社邮购联系调换

210210J2C102ZBW

前　言

　　本书的编写目的是提供一本适合高等职业教育通信技术、电子信息工程技术及相关专业学生使用的现代通信技术教材。当前，我们正处在信息技术蓬勃发展的时代，通信、微电子和计算机的密切结合，促使人类生活方式发生了巨大变革。

　　现代通信技术作为职业教育层次通信技术、电子信息工程技术及相关专业的一门重要专业课，我们根据新的培养目标以及课程基本要求，结合多年来的教学经验编成本书，知识面广，系统性强，力求通俗易懂，深入浅出，易于实现应知应会一体化，便于教师开展课堂教学。

　　本书共有 9 章，内容包括：通信技术概论、移动通信、光纤通信、卫星通信、信源编码、信道编码、模拟调制系统、数字信号的基带传输和数字信号的频带传输。

　　本书由宜宾职业技术学院梅容芳主编，由四川邮电职业技术学院韦泽训教授主审，由重庆大学简鑫、四川朵唯智能云谷有限公司卢平和宜宾职业技术学院陈阳担任副主编，阮涛、康书雅、杨进、屈珣、周向平、史明月和重庆大学林英撑等参编。本书在编写过程中，得到了四川朵唯智能云谷有限公司马坤坤、何映海，宜宾市临港经济技术开发区投资促进局就业服务处处长李子雄和中国电信集团有限公司宜宾分公司的代杰、余兰等人士的大力支持，他们对本书的编写提出了很多宝贵意见。在本书出版之际，对所有支持本书编写和出版的人士表示衷心感谢。

　　由于编者水平有限，书中难免有不足之处，敬请同行专家及读者批评指正。

编者

目 录

1 通信技术概论 ······ 1
  1.1 通信的基本概念 ······ 1
    1.1.1 通信的定义 ······ 1
    1.1.2 通信的分类 ······ 1
    1.1.3 通信的方式 ······ 2
  1.2 通信系统模型 ······ 3
    1.2.1 通信系统的分类 ······ 3
    1.2.2 通信系统的组成 ······ 4
    1.2.3 模拟通信系统 ······ 5
    1.2.4 数字通信系统 ······ 5
  1.3 信息及其度量 ······ 6
    1.3.1 信息和信息量 ······ 7
    1.3.2 平均信息量 ······ 7
  1.4 通信系统的主要性能指标 ······ 8
    1.4.1 模拟通信系统的质量指标 ······ 8
    1.4.2 数字通信系统的质量指标 ······ 9
  1.5 信道 ······ 10
    1.5.1 信道的分类 ······ 10
    1.5.2 信道的容量计算 ······ 11
  思考与练习 ······ 11

2 移动通信 ······ 13
  2.1 移动通信系统的发展 ······ 13
    2.1.1 第一代移动通信系统（1G）······ 13
    2.1.2 第二代移动通信系统（2G）······ 15
    2.1.3 第三代移动通信系统（3G）······ 18
    2.1.4 第四代移动通信系统（4G）······ 20
    2.1.5 第五代移动通信系统（5G）······ 21
  2.2 5G关键技术 ······ 22
    2.2.1 超密集异构网络 ······ 22
    2.2.2 自组织网络 ······ 23
    2.2.3 内容分发网络 ······ 23

2.2.4 D2D 通信 ········· 24
2.2.5 M2M 通信 ········· 24
2.2.6 信息中心网络 ········· 24
思考与练习 ········· 25

3 光纤通信 ········· 28
3.1 光纤通信概述 ········· 28
3.1.1 光纤通信的定义 ········· 28
3.1.2 光纤通信的特点 ········· 28
3.2 光纤通信系统 ········· 29
3.2.1 光纤通信系统的组成 ········· 29
3.2.2 光纤通信的过程 ········· 29
3.2.3 光端机 ········· 29
3.2.4 中继器 ········· 30
3.2.5 光纤 ········· 30
3.3 光纤通信的应用与发展趋势 ········· 31
3.3.1 光纤通信的应用 ········· 31
3.3.2 光纤通信的发展趋势 ········· 32
思考与练习 ········· 32

4 卫星通信 ········· 33
4.1 卫星通信概述 ········· 33
4.1.1 卫星通信的定义 ········· 33
4.1.2 卫星通信的方式 ········· 33
4.1.3 卫星通信的特点 ········· 34
4.2 卫星通信系统 ········· 35
4.2.1 卫星通信系统的基本组成 ········· 37
4.2.2 卫星通信系统的基本工作原理 ········· 38
4.3 卫星通信应用与优化 ········· 42
4.3.1 卫星通信技术的应用 ········· 42
4.3.2 卫星通信技术的优化 ········· 43
4.3.3 我国卫星通信的现状 ········· 44
4.3.4 我国卫星通信的展望 ········· 45
思考与练习 ········· 46

5 信源编码 ········· 48
5.1 信源编码的基本概念 ········· 48
5.2 模—数转换 ········· 49
5.2.1 采样与采样定理 ········· 49
5.2.2 量化 ········· 53
5.2.3 编码 ········· 56
5.2.4 实现 ········· 56
5.3 图像编码 ········· 59

  5.3.1 图像压缩方法概述 ……………………………………………………………… 59
  5.3.2 常见图像压缩标准与算法 …………………………………………………… 61
 思考与练习 ……………………………………………………………………………… 62

6 信道编码 …………………………………………………………………………………… 64
6.1 概论 ……………………………………………………………………………………… 64
  6.1.1 信道编码的基本概念 ………………………………………………………… 64
  6.1.2 信道编码的基本原理 ………………………………………………………… 65
6.2 差错控制编码 …………………………………………………………………………… 65
  6.2.1 差错控制方法 ………………………………………………………………… 65
  6.2.2 纠错编码的基本概念 ………………………………………………………… 67
  6.2.3 差错控制编码的基本原理 …………………………………………………… 67
  6.2.4 差错控制编码分类 …………………………………………………………… 69
6.3 线性分组码 ……………………………………………………………………………… 69
  6.3.1 线性分组码描述 ……………………………………………………………… 69
  6.3.2 汉明码 ………………………………………………………………………… 71
  6.3.3 汉明码的扩展和缩短 ………………………………………………………… 71
6.4 BCH 码与 RS 码 ………………………………………………………………………… 73
  6.4.1 BCH 码的构造 ………………………………………………………………… 73
  6.4.2 BCH 码的译码 ………………………………………………………………… 74
  6.4.3 RS 码 …………………………………………………………………………… 75
6.5 交织码 …………………………………………………………………………………… 77
  6.5.1 交织编码的概念 ……………………………………………………………… 77
  6.5.2 交织编码的工作原理 ………………………………………………………… 77
  6.5.3 交织码的性能 ………………………………………………………………… 78
6.6 卷积码 …………………………………………………………………………………… 79
  6.6.1 卷积码基本概念 ……………………………………………………………… 79
  6.6.2 卷积码的描述 ………………………………………………………………… 79
  6.6.3 卷积码的译码 ………………………………………………………………… 81
 思考与练习 ……………………………………………………………………………… 83

7 模拟调制系统 ……………………………………………………………………………… 85
7.1 调制的功能及分类 ……………………………………………………………………… 85
  7.1.1 调制的功能 …………………………………………………………………… 85
  7.1.2 调制的分类 …………………………………………………………………… 85
7.2 线性调制系统 …………………………………………………………………………… 86
  7.2.1 标准调幅 ……………………………………………………………………… 86
  7.2.2 双边带调制 …………………………………………………………………… 90
  7.2.3 单边带调制 …………………………………………………………………… 93
7.3 非线性调制 ……………………………………………………………………………… 96
  7.3.1 角调制的基本概念 …………………………………………………………… 96
  7.3.2 调频信号的产生与解调 ……………………………………………………… 96
 思考与练习 ……………………………………………………………………………… 99

8 数字信号的基带传输 ········· 100

8.1 数字基带信号的波形及其频域特性 ········· 100
8.1.1 数字基带信号的基本波形 ········· 100
8.1.2 数字基带信号的功率谱 ········· 102

8.2 基带传输的常用码型 ········· 104
8.2.1 AMI 码 ········· 105
8.2.2 HDB_3 码 ········· 105
8.2.3 CMI 码 ········· 106
8.2.4 数字双相码 ········· 106
8.2.5 延时调制码 ········· 106
8.2.6 $nBmB$ 码 ········· 107

8.3 数字基带传输系统 ········· 107
8.3.1 数字基带传输系统的模型 ········· 107

8.4 扰码和解扰 ········· 108
8.4.1 m 序列的产生和性质 ········· 109
8.4.2 扰码和解扰原理 ········· 112

8.5 眼图 ········· 114

思考与练习 ········· 114

9 数字信号的频带传输 ········· 118

9.1 二进制幅度键控（2ASK） ········· 118
9.1.1 2ASK 信号产生及其功率谱 ········· 118
9.1.2 2ASK 信号的解调 ········· 120

9.2 二进制频移键控（2FSK） ········· 121
9.2.1 2FSK 信号产生及其功率谱 ········· 121
9.2.2 2FSK 信号的解调 ········· 123

9.3 二进制相移键控（2PSK） ········· 123
9.3.1 2PSK 信号的产生和功率谱 ········· 123
9.3.2 2PSK 信号的解调 ········· 125
9.3.3 二进制差分相移键控（2DPSK） ········· 126

9.4 改进型数字调制 ········· 127
9.4.1 多进制相移键控（MPSK） ········· 127
9.4.2 正交幅度调制（QAM） ········· 131
9.4.3 最小频移键控（MSK） ········· 133

9.5 数字调制系统的性能 ········· 133
9.5.1 二进制数字调制系统 ········· 133
9.5.2 多进制数字调制系统 ········· 134

思考与练习 ········· 135

参考文献 ········· 138

1 通信技术概论

在信息技术高速发展的时代，通信已成为发展最为迅速的一个行业，人们的通信需求日益多样化，通信正由简单的语音通信向综合信息通信发展，互联网和电信网成为推动这一发展的两大主要力量。随着4G的逐渐成熟和5G的商用推广，势必引发现有通信网络的扩容、升级和多元化业务发展，学习和掌握现代通信技术成为通信和电子信息专业人员的重要任务。本章主要介绍通信的基本概念、名词术语和基础知识，为全书的内容学习提供基础。

1.1 通信的基本概念

人类社会建立在信息交流的基础上，通信是推动人类社会文明进步与发展的巨大动力。信息作为一种资源，依靠各种通信方式和技术来具体实现，通过广泛的传播与交流，产生巨大的应用价值和经济效益。从远古时代到现代文明社会，人类社会的各种活动与通信密切相关，通信成为现代文明的重要标志之一，成为信息科学技术的一个重要组成部分，在人们的日常生活和社会活动中发挥着重要作用。

1.1.1 通信的定义

通信从本质上讲是通信双方或多方之间通过一定的传输媒介实现信息传输与交换过程的一门科学，它可以是单向的，如广播、电视通信；也可以是双向的，如对讲机通信和电话通信等。本书所讲的通信是指借助现代电子通信设备实现的通信，即通常所说的电通信。在电通信系统中，消息必须转化成电信号才可以实现传输。消息包括有用的消息和无用的消息，其中有用的消息即为我们希望传输的信息。而电信号主要包括在电路中传输的电压或电流信号和在自由空间传播的电磁波信号。

在传输过程中，它首先将无用信息和有害信息抑制掉，将大量有用信息有效、可靠地传输出去。1876年贝尔发明电话和1888年莫尔斯发明有线电报，标志着通信步入了利用"电"来传送信息的电气通信时代。尤其是近40年来的发展，通信传送的信息更加丰富，从单一的语音、符号，调整成为包括文字、数据、图像等各种类型。当前，主要采用电缆通信、移动通信、微波接力通信、卫星通信、光纤通信和计算机通信等通信形式来传输信息，其中移动通信、卫星通信、光纤通信和计算机通信组成了现代通信。

1.1.2 通信的分类

通信按照传输媒介分为有线通信和无线通信。其中，有线通信可以再分为明线通信、电缆通信和光缆通信；而无线通信可以再分为微波通信、短波通信、移动通信、卫星通信等。

通信按信道中传输信号的不同可以分为数字通信和模拟通信。通常信道中传输的信号包括模拟信号和数字信号,其中,模拟信号是时间或某一参量(如连续波的振幅、频率和相位,脉冲波的振幅、宽度和位置等)连续的信号;数字信号是时间和某一参量都离散的信号。

通信按消息送到信道之前是否采用调制可分为基带传输和频带传输。其中,基带传输是指信号没有经过调制直接送到信道中去传输的一种方式;频带传输是指信号经过调制后再送到信道中去传输,接收端则需要有相应解调措施的通信方式。

另外,通信还有很多种分类方式,如按业务不同可分为话音通信和数据通信,按收信者是否运动分为移动通信和固定通信,按用户类型可分为公用通信和专用通信,按多址方式可分为频分多址通信、时分多址通信、码分多址通信、空分多址通信等。

1.1.3 通信的方式

古代的通信方式以视觉声音传递为主,如烽火台、击鼓、旗语通信等;近代的通信方式以实物传递为主,如驿站快马接力、信鸽、邮政通信等;现代的通信方式以注重即时性的电信方式为主,如电报、电话、传真、卫星电话、数据通信等。下面介绍现代通信的几种主要方式。

(1) 电话通信

自贝尔发明电话以来,电话通信已成为人们日常生活中不可缺少的通信工具。1882年,我国开通第一个电话交换机,经过一百多年的发展,我国电信事业发生了翻天覆地的变化。目前,中国已建成世界上最大的固定电话网和移动通信网。过去,电话用户到交换机的连接都是用电话电缆,因此又称电缆通信。

(2) 光纤通信

光纤通信是以光纤作为传输介质的通信系统,主要有三个特点:第一,光纤传输衰减小、体积小、重量轻;第二,频带宽、容量大;第三,利用光纤作为传输介质,不受外界电磁波干扰。1976年,在美国亚特兰大建成全球第一条光纤通信实验系统;1980年,第一条海底光缆在苏格兰西海岸完成敷设。我国从20世纪70年代初开始研究光纤通信,到20世纪80年代末,光纤通信的关键技术已达到国际先进水平。当前,光纤传输在长途干线、市话中继线、局域网、宽带综合业务数字网和移动通信蜂窝网中均得到了广泛应用,我国已建成了"八纵八横"格状型光纤通信网和中日、中韩以及亚欧等多条陆地、海底光缆,大大拓宽了国际通信传输通道。

(3) 卫星通信

卫星通信是利用人造地球卫星作为中继站转发无线电波,在地球表面设置的无线电通信站之间进行通信,主要有通信覆盖区域大、通信距离远、通信容量大、通信质量和可靠性高等优点。自1957年第一颗人造卫星发射成功和1965年国际卫星组织发射第一颗商用静止通信卫星以来,卫星通信得到迅速发展。我国从1972年首次开展商业性的国际卫星通信业务,1985年开始先后成功发射了东方红系列多频通信卫星。

(4) 移动通信

移动通信是通信双方至少有一方在运行中进行信息交换的通信方式。由于移动通信中有一方是运动的,它具有通信灵活机动、需求量大、用户多、应用范围广、通信环境复杂等特点。

早期移动通信由于受到移动电台的重量和体积的限制，公众陆地移动通信发展速度很缓慢；20 世纪 70 年代中期开始，大规模集成电路技术和计算机技术的出现使移动通信系统进入了蓬勃发展阶段。1978 年美国贝尔公司开发了小区大容量制式，这是一种模拟蜂窝移动通信系统。1991 年以后，欧洲开始商用数字蜂窝移动通信系统。我国于 20 世纪 80 年代开始发展公众陆地移动通信。在 1987 年，我国开通第一个模拟移动电话系统，1993 年建成开通第一个全数字移动电话系统。

移动通信的最高境界是个人通信，它依靠低轨道卫星通信系统实现全球通信。通信网进一步发展的目标是建立个人通信网，实现全能的个人化通信，为移动中的个人用户提供全球范围内的电话和非话业务，实现任何人（Whoever）在任何时间（Whenever）向任何地点（Wherever）的任何人（Whomever）传输任何形式内容（Whatever）的信息。

（5）计算机通信

计算机通信是计算机技术和通信技术紧密结合的一种通信方式，可集中管理与控制地理位置分散的计算机，共享计算机系统的硬件、软件和数据。计算机通信网络技术发展的里程碑是 20 世纪 60 年代末诞生的美国 ARPA 计算机网络，首次实现了位于不同地点、不同种类的计算机与计算机的通信和资源共享。70 年代中期计算机网络与分布处理技术获得了迅速发展。80 年代末研究开发了网络传输介质的光纤化、智能化和多媒体网络及宽带综合业务数字网。

我国于 1990 年建成中国科技网，1994 年 4 月与国际互联网连接，并先后建立了中国公共互联网、中国教育科研网和中国金桥网等。目前，世界上最大的计算机网络是因特网（Internet），它既能传输数据，还可传递语言、文字和图像等信息，连接了 200 多个国家和地区成千上万个不同类型的计算机网，实现通信和资源共享。

1.2 通信系统模型

通信是从一地向另一地传输和交换信息，通信系统是完成通信这一过程的全部技术设备和传输媒介的总称。现代通信系统不仅包括各种技术设备和传输媒介，还包括各类通信软件，将通信软件加载到硬件电路后，通信系统的功能更强大、支持的业务更丰富、设备体积更小、通信可靠性更好。但通常所讲的通信系统主要指硬件部分，对通信软件感兴趣的读者可自行参考相关资料。

1.2.1 通信系统的分类

通信系统从不同的角度有不同的分类方法，通常可以从以下几个角度进行分类：

按信道中传输信号的性质不同分为数字通信系统和模拟通信系统；按通信双方是否在移动中完成通信分为移动通信系统和固定通信系统；按传输媒介的不同分为有线通信系统和无线通信系统；按工作方式不同分为单工通信、半双工通信和双工通信；按通信业务分，通信系统有话务通信系统和非话务通信系统；根据是否采用调制，可将通信系统分为基带传输系统和频带（调制）传输系统。

1.2.2 通信系统的组成

如图 1-1 所示是一个基于点与点之间的通信系统基本模型图，下面介绍图中各个方框的含义。

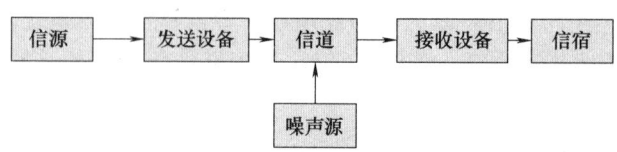

图 1-1 通信系统的基本模型图

(1) 信源（含输入变换器）

信源是消息的产生地，其作用是将各种消息转换成原始电信号，这里的原始电信号又被称为消息信号或基带信号，基带信号是指未经调制变换的信号。电话机、摄像机和计算机等各种数字终端设备就是信源，信源发出消息的形式，可以是连续的，也可以是离散的，根据信源输出信号的不同，可将信源分为模拟信源和数字信源。如果信源输出的消息是非电的，必须通过输入变换器把它转变为电信号。例如，电话通话时，话机就是变换器。话机输出的基带信号的频率通常限制在 300～3400Hz。电视图像信号的频率在 0～6MHz。信号所占的频率范围称为信号带宽。

(2) 发送设备

发送设备的作用是把信源产生的消息信号或基带信号变换成适合在信道中传输的信号。有时也可以由输入变换器把信号直接送入信道传输，这种传输称为基带传输。基带信号的处理变换方式多种多样，有时可以将信号直接在信道中传输，有时需要将信号的频谱进行搬移，有时需进行 A/D 转换等。常见的变换方式包括信号的放大、滤波和调制，其中最重要的是调制。调制是把基带信号的频谱进行搬移，以适应信号在信道内有效地传输。

(3) 信道

信道是信号从发送设备传输到接收设备的媒介，其传输性能直接影响通信的质量好坏。最常见的有电话线、电缆、同轴电缆、光纤、自由空间等，主要包括有线信道和无线信道两类。各种类型的信道具有一个共同的特点：信号经过信道传输后，波形将发生失真，并受到干扰噪声的污染。

(4) 噪声源

噪声源不是人为加入的设备，是通信系统中各种设备以及信道中所固有的，是人们不希望出现的，存在于通信系统的各处，会引起传输信号的失真，影响通信的质量。噪声可分为内部噪声和外部噪声，其中外部噪声多是从信道引入的。与噪声相关的是干扰，它主要分为同频干扰、互调干扰、邻道干扰、阻塞干扰。

(5) 接收设备

接收设备的作用是完成发送设备的反变换，即进行解调和解码等，从带有干扰的接收信号中正确恢复出相应的原始基带信号。

(6) 信宿（含输出变换器）

信宿的作用是将复原的原始信号转换成相应的消息，它是传输信息的归宿点。信源进行通信的目的是将消息传输到信宿，信源和信宿既可以是人也可以是设备，它们有时也被称为发信者和收信者，或者是发终端和收终端。

1.2.3 模拟通信系统

模拟通信系统是利用模拟信号来传递信息的通信系统，其模型图如图 1-2 所示。模拟通信系统的组成与图 1-1 所示相仿，其中发送设备主要是模拟调制器，而接收设备是相应的解调器。

通信所传输的消息是多样的。表示各种消息的传输信号按其特点可以分为两类：一类是模拟信号，它可以表达为时间连续函数的波形。模拟的含义是指用电参量（如电压、电流）的变化

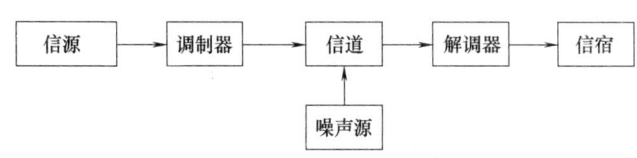

图 1-2 模拟通信系统模型图

来模拟信源发出的信号。例如，话筒输出的话音信号、电视摄像机输出的图像信号都是模拟信号。另一类是数字信号，特征是在时间上和幅度上的取值都是离散型的。

消息的传递是通过它的物质载体——电信号来实现的，即把消息寄托在电信号的某一参量上（如连续波的幅度、频率或相位；脉冲波的幅度、宽度或位置）。按信号参量的取值方式不同可把信号分为两类，即模拟信号和数字信号。

1.2.4 数字通信系统

数字通信系统是利用数字信号来传递信息的通信系统，常见的有短距离基带传输形式、远距离频带传输形式和模拟信号数字化传输三种形式，其模型图如图 1-3 所示。图 1-3 表示一个数字通信系统模型。它与图 1-2 的区别是增加了信源编码、信源译码、信道编码及信道译码，并且调制器和解调器都是采用数字调制和解调技术。

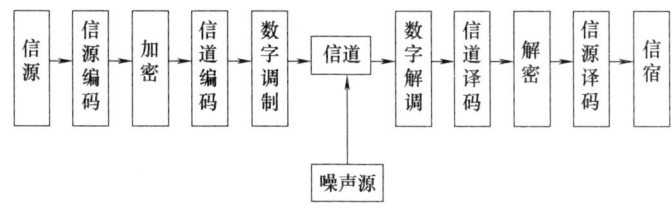

图 1-3 数字通信系统模型图

用数字信号来传送消息的通信形式，包括数字通信和数据通信。数字通信与数据通信习惯上的区分方法是：将模拟消息经数字化处理后，用数字信号的形式来传送的通信方式，称为数字通信；而把信源本身发出的数字形式的消息（如计算机或其他数字终端作为信源发出的数据、指令等），不管用何种形式的信号来传输这类消息的通信方式，均称为数据通信。

(1) 数字通信的主要优点

1) 抗干扰能力强。信号在传输过程中受到噪声的干扰，必然会发生波形畸变，接收端对其进行抽样判决，以辨别是两个状态中的哪一个。只要噪声的大小不足以影响判决的

正确，就能正确接收。在远距离传输，如微波中继通信时，各中继站可利用数字通信特有的判决再生接收方式，对数字信号波形进行整形再生而消除噪声积累。

2）差错可控。可以采用信道编码技术使误码率降低，提高传输的可靠性。

3）数字信号便于产生、存储和交换，也便于计算机连接，易于与各种数字终端接口，用现代计算技术对信号进行处理、加工、变换、存储，从而形成智能网。

4）便于实现干扰和保密编码，提高通信的可靠性和保密性。

5）电路集成化，易于利用现代固体器件和计算技术的研究成果，从而使通信设备微型化。

（2）数字通信的主要缺点

1）频带利用率不高。数字通信中，数字信号占用的频带宽，当系统传输带宽一定的情况下，模拟电话的频带利用率要高出数字电话的5～15倍。

2）需要严格的同步系统。数字通信中，要准确地恢复信号，必须要求收端和发端严格同步。因此，数字通信系统及设备比较复杂，体积比较大。

（3）数字通信系统中各个部分的作用

1）信源编码与信源译码。其作用是数据压缩，降低信息的多余度，减少码元数目或降低码元速率。多余度就是信息码流经过信源编码后，减少不必要的码元，并在信源译码时，仍能恢复和辨认。另一方面，如果信源输出的是模拟信号，信源编码将其取样、量化和编码后，转换为数字信号，称为模/数变换（A/D变换），实现模拟信号的数字化传输。模拟信号数字化传输有两种方式：脉冲编码调制（PCM）和增量调制（ΔM）。信源译码是信源编码的逆过程。

2）信道编码与信道译码。信道编码又称为差错控制编码（或称纠错编码），作用是在信源编码输出的码流中，人为地按一定规则加入多余码元，以便在接收端信道译码时，发现错码或者纠正错码，从而提高通信的可靠性。数字信号在信道传输时，由于噪声、衰落以及人为干扰等，将会引起差错。为了减少差错，信道编码器对传输的信息码元按一定的规则加入保护成分（监督元），组成所谓"抗干扰编码"。接收端的信道译码器按一定规则进行解码，从解码过程中发现错误或纠正错误，从而提高通信系统抗干扰能力，实现可靠通信。

3）加密与解密。在需要实现保密通信的场合，为了保证所传输信息的安全，人为地将被传输的数字序列扰乱，即加上密码，这种处理过程称为加密。在接收端利用与发送端相同的密码复制品对收到的数字序列进行解密，恢复原来信息，称为解密。

4）数字调制与数字解调。数字调制就是把数字基带信号的频谱搬移到高频处，形成适合在信道中传输的频带信号。基本的数字调制方式有振幅键控ASK、频移键控FSK、绝对相移键控PSK、相对（差分）相移键控DPSK。对这些信号可以采用相干解调或非相干解调还原为数字基带信号。

5）同步。同步是保证数字通信系统有序、准确、可靠工作的不可缺少的前提条件。同步是使收、发两端的信号在时间上保持步调一致。按照同步的功用不同，可分为载波同步、位同步、群同步和网同步。

1.3　信息及其度量

信息源发出的每一个消息所包含的信息是不相等的，有的消息携带信息多，有的消息包含信息少，有的甚至几乎没有什么信息。那么，每个消息携带信息的多少，各个消息之间信息量的比较，通常采用信息和信息量来衡量。

1.3.1 信息和信息量

概率论告诉我们，事件的不确定程度，可以用其出现的概率来描述。即事件出现的可能性越小，则概率就越小；反之，则概率就越大。消息中包含的信息量与消息发生的概率紧密相关，消息出现的概率越小，则消息中包括的信息量就越大。如果事件是必然的（概率为1），则它传递的信息量为零；如果事件是不可能的（概率为0），则它将有无穷的信息量。如果得到的不是由一个而是由若干个独立事件构成的消息，那么，这时得到的总的信息量，就是若干个独立事件的信息量的总和。

综上所述可以看出，为了计算信息量，消息中所含的信息量 I 与消息出现的概率 $P(x)$ 间的关系式应当反映如下规律：

1）消息中所含的信息量 I 是出现该消息的概率 $P(x)$ 的函数，即
$$I = I[P(x)] \tag{1-1}$$

2）消息的出现概率越小，它所含信息量越大；反之信息量越小，且当 $P(x)=1$ 时，$I=0$。

3）若干个互相独立事件构成的消息，所含信息量等于各独立事件信息量的和，即
$$I[P(x_1)P(x_2)\cdots] = I[P(x_1)] + I[P(x_2)] + \cdots \tag{1-2}$$

若 I 与 $P(x)$ 间的关系式为：
$$I = \log_a \frac{1}{P(x)} = -\log_a P(x) \tag{1-3}$$

就可满足上述要求。

信息量的单位与上式中对数底 a 有关。如果取对数的底为 2，则信息量的单位为比特（bit）；如果取 e 为对数的底，则信息量的单位为奈特（nat）；若取 10 为底，则信息量的单位称为十进制单位，或叫迪特（Det）。通常使用的单位为比特。

【例 1-1】 某离散信源由 0，1，2，3，四种符号组成，其概率场为：

$$\begin{bmatrix} 0, & 1, & 2, & 3, \\ 3/8, & 1/4, & 1/4, & 1/8, \end{bmatrix}$$

求信息 201020130213001203210100321010023102002010312032100121002 的信息量。

解：此消息中 0 出现 23 次，1 出现 14 次，2 出现 13 次，3 出现 7 次，总长为 57 个符号，故此消息的信息量为：

$$I = -\sum_{i=1}^{4} n_i \log_2 P(x_1) = -23\log_2 \frac{3}{8} - 14\log_2 \frac{1}{4} - 13\log_2 \frac{1}{4} - 7\log_2 \frac{1}{8}$$
$$= (33.55 + 28 + 26 + 21) = 108.55 \text{(bit)}$$

1.3.2 平均信息量

在设计通信系统时，不仅需要知道某个特定消息的信息量，更需要知道信源发出多少信息量，信道传送多少信息量，因而有必要讨论平均信息量。

如果消息由 n 个事件构成，假设这 n 个事件发生的概率分别为 $p_1, p_2, \cdots, p_n$，因此 $p_i N$ 个符号的信息量为 $p_i N \log_2(1/p_i)$。信源发出 N 个符号的总信息量就是每个符号

信息量之和,可以表示为 I (bit):

$$I_t = \sum_{i=1}^{n} N p_i \log_2(1/p_i)$$

则平均信息量为 H (bit/Symbol):

$$H = \frac{I_t}{N} = \sum_{i=1}^{n} p_i \log_2(1/p_i) = -\sum_{i=1}^{n} p_i \log_2 p_i \tag{1-4}$$

平均信息量的表达式(1-4)表示每个符号平均携带的信息量,与统计力学中关于系统熵的公式类似,因此也把信源输出的平均信息量称为信源的熵,单位为:比特/符号(bit/Symbol)。

【例 1-2】 计算【例 1-1】中信源的平均信息量。

解 由式(1-4)得

$$H = -\frac{3}{8}\log_2\frac{3}{8} - \frac{1}{4}\log_2\frac{1}{4} - \frac{1}{4}\log_2\frac{1}{4} - \frac{1}{8}\log_2\frac{1}{8} = 1.9056(\text{bit/Symbol})$$

顺便指出,用上述平均信息量算得【例 1-1】中的消息量:

$$I = (1.9056\text{bit/Symbol}) \times 57\text{Symbol} = 108.62\text{bit}$$

这里的平均信息量计算所得是总信息量,与【例 1-1】计算所得的结果并不完全相同,其原因是【例 1-1】的消息序列还不够长,每个符号出现的频率与概率场中给出的概率并不相等。随着序列长度增大,其误差将趋于零。

1.4 通信系统的主要性能指标

通信系统通常包括电气性能、工艺结构和使用维修等方面的质量指标。但从传输信号角度看,质量指标主要为有效性和可靠性。通信的有效性是指在给定信道内传输信息内容的多少,是传输消息的"速率"问题,即快慢问题;而通信的可靠性则表示接收信息的准确程度,是传输消息的"质量"问题,即好坏问题。在系统设计中,有效性和可靠性互相矛盾而又相对统一,通常还可以进行互换,在满足一定可靠性的指标下,尽可能提高通信系统的有效性。一般通信系统的性能指标除有效性和可靠性以外,还包括适应性、经济性、保密性、标准性、维修性和工艺性等。

1.4.1 模拟通信系统的质量指标

(1) 有效性

模拟通信系统的有效性可用有效传输频带来度量,即在指定信道带宽内允许同时传输的最多通路数,同样的消息用不同的调制方式,则需要不同的频带宽度。每一路信号的有效带宽与模拟调制方式有关。在相同条件下,每路所占频带越窄,则允许同时传输的通路数越多。

(2) 可靠性

模拟通信系统的可靠性用接收端最终输出信噪比来度量,通常采用接收端的输出信号平均功率和噪声平均功率之比来衡量,简称信噪比,记作 $\frac{S}{N}$。

$$\frac{S}{N} = \frac{信号平均功率}{噪声平均功率} \tag{1-5}$$

在相同条件下，通信系统的输出信噪比越高，通信质量越好，互通信息越准确。不同调制方式在同样信道信噪比下所得到的最终解调后的信噪比是不同的。如调频信号抗干扰能力比调幅好，但调频信号所需传输频带却宽于调幅。

1.4.2 数字通信系统的质量指标

（1）有效性

数字通信系统的有效性可用 3 个指标来说明，即传输速率［含码元速率（符号）、信息速率和消息速率］、功率利用率和频带利用率。

1）传输速率。

① 码元速率（R_B）。每秒钟传送码元的个数称为码元速率。各个码元都占有均等的时间间隔，这个时间间隔称为码元长度。当码元长度为 T，则码元速率：

$$R_B = \frac{1}{T} \tag{1-6}$$

码元速率称为符号速率，单位为波特（Baud），可简写为 Bd。应该注意，波特一词已经是速率单位，如果写成"波特/秒"是错误的。

② 信息速率（R_b）。信息速率是每秒钟传送的信息量，记作 R_b，单位为比特/秒，或写作 bit/s。

在二进制中，码元速率与信息速率在数值上相等，但它们的单位是不同的。例如，二进制数字信号的码元速率为 75Bd，则信息速率为 75bit/s。对于 M 进制，两者的数值是不相等的，信息速率与码元速率之间的关系为：

$$R_b = R_B \log_2 M \tag{1-7}$$

③ 消息速率（R_m）。消息速率是单位时间（每秒）通过系统所传送的从信源发出的消息量，单位为比特/秒（bit/s）。消息速率与信息速率的关系为：

$$R_m = \alpha R_b (\text{bit/s}) \quad \alpha \leqslant 1 \tag{1-8}$$

2）功率利用率。数字通信系统的功率利用率用系统信噪比来描述。在保证系统传输质量（传输比特差错率小于规定值）条件下，系统所需要的最低归一化信噪比（每比特信号的能量 E_b 和噪声单边功率谱密度 No 的比值）定义为系统的功率利用率。

3）频带利用率 η。数字通信系统的有效性指标除了码元速率和信息速率外，还可以用频带利用率来衡量。频带利用率是指单位频带内能够传递码元的速率，即每赫兹波特数。

$$\eta = \frac{\text{码元速率}}{\text{频带宽度}} \tag{1-9}$$

所以，在数字通信中，当信道传送的码元速率相等时，多进制比二进制系统传送的信息速率高。这也是多进制方式获得广泛应用的原因之一。

（2）可靠性

数字通信系统的可靠性由差错率指标来衡量，它代表接收到的数字信号出现错误码的概率。通常有两种表示方法，即误码率 P_e 和误信率（误比特率）P_b。另外，为了说明系统正常工作的能力，可靠性指标还包括可靠度和中断率。

1）差错率。

① 误码率。

$$P_e = \frac{差错码元数}{传输码元总数} \quad (1\text{-}10)$$

② 误信率。

$$P_b = \frac{错误信息的比特}{传输消息的总比特数} \quad (1\text{-}11)$$

二进制时，$P_b = P_e$。数字通信系统的质量指标通常用 R_B 和 P_e 来表示。码元速率 R_B 越大，有效性越好；数字信号占用带宽越宽，则抗噪声性能越差，即误码率越大。

误码率 P_e 越小，通信的可靠性越高。

2）可靠度。可靠度是指在全部工作时间内，系统正常工作时间所占的百分比，记作 P_r。

3）中断率。中断率是指在全部工作时间内，系统传输中断的时间所占的百分比，记作 ε。

显然，可靠度与中断率之间有：$\varepsilon = 1 - P_r$。

1.5 信道

古代主要是通过烽火台、书信等通信方式进行消息的传递，那么在现代通信中，是通过什么介质来进行信息的传递呢？所以就提出了"信道"。信道是通信系统的一个组成部分，它以传输媒质为基础，是连接发送设备和接收设备之间的传输媒介，组成传输信号的通路。

1.5.1 信道的分类

（1）根据信道的定义分类

1）狭义信道。通常指传输媒介的信道。狭义信道按照传输媒质的特性可分为有线信道和无线信道两类。

2）广义信道。按照它包括的功能，可以分为调制信道、编码信道等。如图1-4所示，通常指从发送端调制器输出到接收解调器输入端之间的放大、天线电路和传输媒介组成的信道。由于后者传送已调信号，又称调制信道。如果把发送端的调制器和接收端的解调器也包括在内，则称为编码信道。

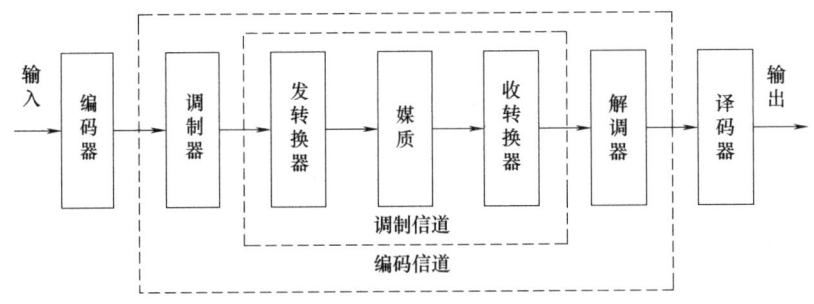

图1-4 广义的信道构成图

（2）按照传输媒介分类

1）有线信道。主要有架空明线、对称和同轴电缆、光缆。

2）无线信道。利用收发天线和自由空间作为媒介。按照频段划分包括：甚低频（VLF）、低频（LF）、中频（MF）、高频（HF）、特高频（UHF）、超高频（HF）、极高频（VHF）、亚毫米波、红外线、可见光、紫外线。

(3) 按照信道特性分类

1) 恒参信道。信道特性不随时间变化或变化很缓慢，典型的恒参信道有：有线信道、微波接力信道和人造卫星信道等。

2) 变参信道。传输媒质随时间随机快速变化。常见的随参信道有陆地移动信道、短波电离层反射信道、超短波流星余迹散射信道、超短波及微波对流层散射信道、超短波电离层散射以及超短波超视距绕射等信道。

1.5.2 信道的容量计算

信道容量表示信道每秒可能传送的最大信息量，也就是最大传输的平均速率。

(1) 模拟通信系统的信道容量

由香农定律指出：在信号平均功率受限的高斯白噪声信道中，信道每秒传送的最大可能信息量为 C（bit/s）：

$$C = B\log_2\left(1 + \frac{S}{N}\right) \tag{1-12}$$

式中，$\frac{S}{N}$ 为信道输出端的信号噪声平均功率比；B 为信道带宽；C 称为信道容量。

香农公式指出了通信系统所能达到的理论极限，却没有指出这种通信系统的实现方法。实践证明，系统要接近香农的理论极限，必须要借助编码和调制等技术。

【例 1-3】 对于带宽为 3kHz、信噪比为 30dB 的语音信道，求在该信道上进行无差错传输的最高信息速率，即信道容量。

解：信噪比 S/N 通常用 dB（分贝）表示：

$$\left(\frac{S}{N}\right)_{dB} = 10\lg\left(\frac{S}{N}\right) \tag{1-13}$$

但在香农公式中，S/N 是值，而不是分贝数。因此，由上式可知 30dB 对应的 S/N 值为 1000，所以信道容量为：

$$C = B\log_2\left(1 + \frac{S}{N}\right) = 3000\log_2(1+1000) \approx 3000 \times 10 = 30 \text{ (kbit/s)}$$

(2) 数字通信系统的信道容量

数字通信系统用来传送离散取值的数字信号，其信道模型是无记忆信道。按照奈奎斯特（Nyguist）准则指出：带宽为 B Hz 的信道，所能传送信号的最高码元速率为 $2B$ 波特。因此，离散、无噪声数字信道的信道容量 C（bit/s）可表示为

$$C = 2B\log_2 M \tag{1-14}$$

式中，M 为码元符号所能取得的离散值个数，即指 M 进制。

【例 1-4】 设信道带宽为 4000Hz，采用四进制传输，计算无噪声时信道容量。

解：$C = 2 \times 4000 \times \log_2 4 = 16000$ （bit/s）

当存在噪声时，传送将出现差错，从而造成信息的损失和信道容量的降低。

思考与练习

一、思考题

1. 什么是通信？常见的通信方式有哪些？

2. 通信系统是如何分类的？
3. 何谓数字通信？数字通信的优缺点是什么？
4. 试画出模拟通信系统的模型，并简要说明各部分的作用。
5. 试画出数字通信系统的一般模型，并简要说明各部分的作用。
6. 衡量通信系统的主要性能指标是什么？对于数字通信系统，具体用什么来表述？
7. 何谓码元速率？何谓信息速率？它们之间的关系如何？

二、计算题

1. 某信源的符号集由 A、B、C、D、E、F 组成，设每个符号独立出现，其概率分别为 1/4、1/4、1/16、1/8、1/16、1/4，试求该信息源输出符号的平均信息量 $\overline{I}$。

2. 设一数字传输系统传送二进制信号，码元速率 $R_{B2}=2400B$，试求该系统的信息速率 $R_{b2}=?$ 若该系统改为传送十六进制信号，码元速率不变，则此时的系统信息速率为多少？

3. 已知某数字传输系统传送八进制信号，信息速率为 3600bit/s，试问码元速率为多少？

4. 已知某系统的码元速率为 3600kB，接收端在 1h 内共收到 1295 个错误码元，试求系统的误码率 P_e。

5. 已知某四进制数字信号传输系统的信息速率为 2400bit/s，接收端在 0.5h 内共收到 218 个错误码元，试计算该系统的误码率 P_e。

2 移动通信

通信的种类按传输媒质可以分为导线、电缆、光缆、波导、纳米材料等形式的有线通信与传输媒质看不见、摸不着（如电磁波）的无线通信。本书主要讲的是无线通信。现代生活离不开移动通信，从信息的生成、传输到接收，网络通信的背后蕴含着数不清的闪光智慧。

2.1 移动通信系统的发展

移动无线网络已经成为我们生活、学习、娱乐不可缺少的必备品，而移动无线通信技术本身也在不断地更新换代。

2.1.1 第一代移动通信系统（1G）

移动通信的发展历史最早可以追溯到 19 世纪。1864 年麦克斯韦从理论上证明了电磁波的存在；1876 年赫兹用实验证实了电磁波的存在；1900 年马可尼等人利用电磁波进行远距离无线电通信取得了成功，从此世界进入了无线电通信的新时代。

现代意义上的移动通信开始于 20 世纪 20 年代初期。1928 年，美国 Purdue 大学学生发明了工作于 2MHz 的超外差式无线电接收机，并很快在底特律的警察局投入使用，这是世界上第一种可以有效工作的移动通信系统；20 世纪 30 年代初，第一部调幅制式的双向移动通信系统在美国新泽西州的警察局投入使用；20 世纪 30 年代末，第一部调频制式的移动通信系统诞生，试验表明调频制式的移动通信系统比调幅制式的移动通信系统更加有效。

在 20 世纪 40 年代，调频制式的移动通信系统逐渐占据主流地位，这个时期主要完成了通信实验和电磁波传输的实验工作，在短波波段上实现了小容量专用移动通信系统。这种移动通信系统的工作频率较低、话音质量差、自动化程度低，难以与公众网络互通。在第二次世界大战期间，军事上的需求促使技术快速进步，同时导致移动通信的巨大发展。战后，军事移动通信技术逐渐被应用于民用领域。到 20 世纪 50 年代，美国和欧洲部分国家相继成功研制了公用移动电话系统，在技术上实现了移动电话系统与公众电话网络的互通，并得到了广泛的使用。遗憾的是这种公用移动电话系统仍然采用人工接入方式，系统容量小。

1978 年，美国贝尔实验室开发了先进移动电话业务系统（AMPS），这是第一种真正意义上的具有随时随地通信能力的大容量蜂窝移动通信系统。AMPS 采用频率复用技术，可以保证移动终端在整个服务覆盖区域内自动接入公用电话网，具有更大的容量和更好的话音质量，很好地解决了公用移动通信系统所面临的大容量要求与频谱资源限制的矛盾。

20世纪70年代末,美国开始大规模部署AMPS系统。AMPS以优异的网络性能和服务质量获得了广大用户的一致好评。AMPS在美国的迅速发展促进了在全球范围内对蜂窝移动通信技术的研究。到20世纪80年代中期,欧洲和日本也纷纷建立了自己的蜂窝移动通信网络,主要包括英国的ETACS系统、北欧的NMT-450系统、日本的NTT/JTACS/NTACS系统等。这些系统都是模拟制式的频分双工(frequency division duplex,FDD)系统,亦被称为第一代蜂窝移动通信系统或1G系统。

第一代移动通信系统(1G)是在20世纪80年代初提出的,它完成于20世纪90年代初,如NMT和AMPS,其中,NMT于1981年投入运营。第一代移动通信系统是基于模拟传输的,其特点是业务量小、质量差、安全性差、没有加密和速度低。1G主要基于蜂窝结构组网,直接使用模拟语音调制技术,传输速率约2.4kbit/S,不同国家采用不同的工作系统。

第一代移动通信系统属于模拟系统,如AMPS和TACS系统,主要采用频分多址技术(frequency division multiple access,FDMA),这种技术是最古老也是最简单的。但是,由于模拟系统的系统容量小,还有FDMA技术在信道之间必须有警界波段来使站点之间相互分开,这样在警界波段就会造成很大的带宽浪费。而且,模拟系统的安全性能很差,任何有全波段无线电接收机的人都可以收听到一个单元里的所有通话。另外,此技术对天线和基站的破坏也很严重。因此模拟系统主要以话音业务为主,基本上很难开展数据业务。

FDMA是数据通信中的一种技术,即不同的用户分配在时隙相同而频率不同的信道上。按照这种技术,把在频分多路传输系统中集中控制的频段根据要求分配给用户。同固定分配系统相比,频分多址使通道容量可根据要求动态地进行交换。

在FDMA系统中,分配给用户一个信道,即一对频谱,一个频谱用作前向信道即基站向移动台方向的信道,另一个则用作反向信道即移动台向基站方向的信道。这种通信系统的基站必须同时发射和接收多个不同频率的信号,任意两个移动用户之间进行通信都必须经过基站的中转,因而必须同时占用2个信道(2对频谱)才能实现双工通信。

以往的模拟通信系统一律采用FDMA。频分多址(FDMA)是采用调频的多址技术。业务信道在不同的频段分配给不同的用户,如TACS系统、AMPS系统等。频分多址是把通信系统的总频段划分成若干个等间隔的频道(也称信道)分配给不同的用户使用。这些频道互不交叠,其宽度应能传输一路数字话音信息,而在相邻频道之间无明显的串扰。

采用模拟技术和频分多址(FDMA)技术,由于受到传输带宽的限制,不能进行移动通信的长途漫游,只能是一种区域性的移动通信系统。第一代移动通信有多种制式,我国主要采用的是TACS。第一代移动通信有很多不足之处,比如容量有限、制式太多、互不兼容、保密性差、通话质量不高、不能提供数据业务、不能提供自动漫游频谱、利用率低、移动设备复杂、费用较贵以及通话易被窃听等,最主要的问题是其容量已不能满足日益增长的移动用户需求。

众所周知,传输和处理模拟信号的系统称为模拟通信系统,而传输和处理数字信号的系统称为数字通信系统。目前,实际中应用的移动通信大多属于数字通信。因为模拟移动通信系统投入运行以来,其用户虽迅速增长,但对经济发达国家和地区存在很多不足之处,这主要表现在以下几点:

1) 模拟移动通信系统制式复杂，不易实现国际漫游。

2) 模拟移动通信系统不能提供综合业务数字网（ISDN）业务，而通信网的发展趋势最终将向 ISDN 过渡。因此随着非话业务的发展，综合业务数字网逐步投入使用，对移动通信领域数字化要求越来越迫切。

3) 模拟移动通信系统设备价钱高，手机体积大，电池充电后有效工作时间短，目前只能持续工作 8 小时，给用户带来不便。

4) 模拟移动通信系统用户容量受限制，在人口密度很大的城市系统扩容困难，解决上述问题的最有效办法就是采用一种新技术，即移动通信的数字化，称为数字移动通信系统。

现在存在于世界各地比较实用的、容量较大的系统主要有：①北美的 AMPS；②北欧的 NMT-450/900；③英国的 TACS，其工作频带都在 450MHz 和 900MHz 附近，载频间隔在 30kHz 以下。鉴于移动通信用户的特点，一个移动通信系统不仅要满足区内、越区及越局自动转接信道的功能，还应具有处理漫游用户呼叫（包括主被叫）的功能。因此移动通信系统不仅希望有一个与公众网之间开放的标准接口，还需要一个开放的开发接口。由于移动通信是基于固定电话网的，因此由于各个模拟通信移动网的构成方式有很大差异，所以总的容量受到很大的限制。

鉴于模拟移动通信的局限性，因此尽管模拟蜂窝移动通信系统还会以一定的增长率在近几年内继续发展，但是它有着下列致命的弱点：①各系统间没有公共接口；②无法与固定网迅速向数字化推进相适应，数字承载业务很难开展；③频率利用率低，无法适应大容量的要求；④不安全，利用率低，易于被窃听，易做"假机"。这些致命的弱点将妨碍其进一步发展，因此模拟蜂窝移动通信将逐步被数字蜂窝移动通信所替代。然而，在模拟系统中的组网技术仍将在数字系统中应用。

2.1.2 第二代移动通信系统（2G）

第二代移动通信系统（2G）开始于 20 世纪 80 年代末并完成于 20 世纪 90 年代末，1992 年第一个 GSM 网络开始商用。2G 是基于数字传输的，并且有多种不同的标准（如 GSM，CT2，CT3，DECT，DCS1800），其传输速率可达 64kbit/s。GSM（全球移动系统）通信是目前使用的最普遍的一种标准，GSM 使用 900MHz 和 1800MHz 两个频带。GSM 通信系统采用数字传输技术并利用用户识别模块（SIM）技术鉴别用户，通过对数据加密来防止偷听。GSM 传输使用时分多址（TDMA）和码分多址（CDMA）技术来增加网络中信息的传输量。GSM 不能实现全球无缝漫游。其他的 2G 系统是 IS—95CDMA，PDC 和 IS—136TDMA 等。

第二代移动通信，主要采用的是数字的时分多址（TDMA）技术和码分多址（CDMA）技术，与之对应的是全球主要有 GSM 和 CDMA 两种体制。

2G 一出现就产生了竞争，在 Qualcomm 的 CDMA 技术成熟之前，2G 都是以 Time Division Multiple Access（TDMA——时分多址）为技术核心，美国的标准后来成了 IS136 标准，可是其市场基本是在美国。欧洲的 TDMA 标准后来就发展成了今天的 GSM，这是大家都熟悉的了。

GSM 技术用的是窄带 TDMA，允许在一个射频（即"蜂窝"同时进行 8 组通话。

它是根据欧洲标准而确定的频率范围在 900～1800MHz 的数字移动电话系统,频率为 1800MHz 的系统也被美国采纳。GSM 是 1991 年开始投入使用的,到 1997 年年底,已经在 100 多个国家在运营,成为欧洲和亚洲实际上的标准。GSM 数字网也具有较强的保密性和抗干扰性,音质清晰,通话稳定,并具备容量大、频率资源利用率高、接口开放、功能强大等优点。不过它能提供的数据传输率仅为 9.6kbit/s,和之前用固定电话拨号上网的速度相当,而当时的 Internet 几乎只提供纯文本的信息。

中国移动和联通的大部分网络都采用的是欧洲的 GSM 标准。由于采用了 TDMA,大大地提高了系统的容量,同时,由于数字技术的发展,2G 全都采用数字通信,也大大地提高了通信质量。

值得一提的是,Qualcomm 的 2G CDMA 技术在美国和亚洲也取得了成功。中国联通 CDMA 网络用的就是这种技术。CDMA 的意思就是 Code Division Multiple Access(码分多址),这种通信系统的容量大、通信质量高、抗干扰,但是技术上稍微复杂些。CDMA 就是说,系统给每个用户分配了一个"Code(代码)",系统根据不同的代码来识别不同的用户,而所有的用户共用相同的频率。CDMA 系统的容量理论上是无限的,但是由于物理硬件及系统实现上的限制等,系统的容量总是有限的,但是一般来说,是 TDMA 容量的 6 倍以上。

针对 GSM 通信出现的缺陷,人们在 2000 年又推出了一种新的通信技术 GPRS,该技术是在 GSM 的基础上的一种过渡技术。GPRS 的推出标志着人们在 GSM 的发展史上迈出了意义最重大的一步,GPRS 在移动用户和数据网络之间提供一种连接,给移动用户提供高速无线 IP 和 X.25 分组数据接入服务。

在这之后,通信运营商们又推出 EDGE 技术,这种通信技术是一种介于 2G 和 3G 之间的过渡技术,因此也有人称它为"2.5G"技术,它有效提高了 GPRS 信道编码效率的高速移动数据标准,它允许高达 384kbit/s 的数据传输速率,可以充分满足未来无线多媒体应用的带宽需求。EDGE 提供了一个从 GPRS 到第三代移动通信的过渡性方案,从而使现有的网络运营商可以最大限度地利用现有的无线网络设备,传输速率虽然没有 3G 快,但理论上也有 100kbit/s 以上,实际应用基本可以达到拨号上网的速度,因此可以发送图片、收发电子邮件等,同时,还可以广泛应用于生产领域,在第三代移动网络商业化之前提前为用户提供个人多媒体通信业务。

第 2.5 代移动通信系统(2.5G)是 2G 向 3G 发展过程中的过渡,它是 2G 的扩展和加强,2.5G 是 2G 的增强版。通用无线分组业务(GPRS)可以看作在 2G 和 3G 之间移动通信技术发展的过渡时期,它是 GSM 的扩展,GPRS 于 2000 年开始运行。GPRS 是一种数据业务,它能够使移动设备发送和接收电子邮件及图片信息。GPRS 的常用速度为 115kbit/s,通过使用增强数据率的 GSM(EDGE)最大速率可达 384kbit/s,而典型的 GSM 数据传输速率为 96kbit/s。

900/1800MHz GSM 第二代数字蜂窝移动通信(简称 GSM 移动通信)业务是指利用工作在 900/1800MHz 频段的 GSM 移动通信网络提供的话音和数据业务。GSM 移动通信系统的无线接口采用 TDMA 技术,核心网移动性管理协议采用 MAP 协议。900/1800MHz GSM 第二代数字蜂窝移动通信业务包括以下主要业务类型:

1)端到端的双向话音业务。

2）移动消息业务，利用 GSM 网络和消息平台提供的移动台发起、移动台接收的消息业务。

3）移动承载业务及其上移动数据业务。

4）移动补充业务，如主叫号码显示、呼叫转移业务等。

5）经过 GSM 网络与智能网共同提供的移动智能网业务，如预付费业务等。

6）国内漫游和国际漫游业务。

900/1800MHz GSM 第二代数字蜂窝移动通信业务的经营者必须自己组建 GSM 移动通信网络，所提供的移动通信业务类型可以是一部分或全部。提供一次移动通信业务经过的网络可以是同一个运营者的网络，也可以由不同运营者的网络共同完成。提供移动网国际通信业务，必须经过国家批准设立的国际通信出入口。

800MHz CDMA 第二代数字蜂窝移动通信（简称 CDMA 移动通信）业务是指利用工作在 800MHz 频段上的 CDMA 移动通信网络提供的话音和数据业务。CDMA 移动通信的无线接口采用窄带码分多址 CDMA 技术，核心网移动性管理协议采用 IS-41 协议。800MHz CDMA 第二代数字蜂窝移动通信业务包括以下主要业务类型：

1）端到端的双向话音业务。

2）移动消息业务，利用 CDMA 网络和消息平台提供的移动台发起、移动台接收的消息业务。

3）移动承载业务及其上移动数据业务。

4）移动补充业务，如主叫号码显示、呼叫转移业务等。

5）经过 CDMA 网络与智能网共同提供的移动智能网业务，如预付费业务等。

6）国内漫游和国际漫游业务。

800MHz CDMA 第二代数字蜂窝移动通信业务的经营者必须自己组建 CDMA 移动通信网络，所提供的移动通信业务类型可以是一部分或全部。提供一次移动通信业务经过的网络可以是同一个运营者的网络，也可以由不同运营者的网络共同完成。提供移动网国际通信业务，必须经过国家批准设立的国际通信出入口。

第二代移动电话系统代表产品分为两类：TDMA 系列与 N-CDMA 系统。TDMA 系列中比较成熟和有代表性的制式有：泛欧 GSM、美国 D-AMPS 和日本 PDC。

1）D-AMPS 是在 1989 年由美国电子工业协会 EIA 完成技术标准制定工作，1993 年正式投入商用。它是在 AMPS 的基础上改造成的，数模兼容，基站和移动台比较复杂。

2）日本的 JDC（现已更名为 PDC）技术标准在 1990 年制定，1993 年使用，只限于本国使用。

3）欧洲邮电联合会 CEPT 的移动通信特别小组（SMG）在 1988 年制定了 GSM 第一阶段标准 phase1，工作频带为 900MHz 左右，1990 年投入商用；同年，应英国要求，工作频带为 1800MHz 的 GSM 规范产生。

上述三种产品的共同点是数字化、时分多址、话音质量比第一代好，保密性好、可传送数据、能自动漫游等。

三种不同制式各有其优点，PDC 系统频谱利用率很高，而 D-AMPS 系统容量最大，但 GSM 技术最成熟,而且它以 OSI 为基础,技术标准公开,发展规模最大。N-CDMA(码分多址)系列主要是以高通公司为首研制的基于 IS-95 的 N-CDMA(窄带 CDMA)。北美数字蜂窝系统的规范是由美国电信工业协会制定的,1987 年开始系统研究,1990 年被美国电子工业协会接受,由于北美地区已经有统一的 AMPS 模拟系统,该系统按双模式设计。随后频带扩展到 1900MHz,即基于 N-CDMA 的 PCS1900。

2.1.3 第三代移动通信系统(3G)

第三代移动通信系统(3G)开始于 20 世纪 90 年代末,3G 是目前正在全力开发和实施的移动通信系统,已经在部分国家运营,2003 年在英国投入运营。3G 统一不同的移动技术标准,使用高的频带和 TDMA 技术传输数据来支持多媒体业务。3G 不仅提供从 125kbit/s 到 2Mbit/s 的传输速率,而且能够提供多种宽带业务,其主要特点是无缝全球漫游、高速率、高频谱利用率、高服务质量、低成本和高保密性等。3G 的欧洲标准是通用移动通信系统(UMTS)。UMTS 通信系统仍然采用数字传输技术并利用 SIM 鉴别对数据加密。信息传输使用宽带码分多址(WCDMA)并能得到 384kbit/s 到 2048kbit/s 的传输速率。

第三代数字蜂窝移动通信(简称 3G 移动通信)业务是指利用第三代移动通信网络提供的话音、数据、视频图像等业务。

第三代数字蜂窝移动通信业务主要特征是可提供移动宽带多媒体业务,其中高速移动环境下支持 144kb/s 速率,步行和慢速移动环境下支持 384kb/s 速率,室内环境支持 2Mb/s 速率数据传输,并保证高可靠服务质量。第三代数字蜂窝移动通信业务包括第二代蜂窝移动通信可提供的所有的业务类型和移动多媒体业务。

第三代数字蜂窝移动通信业务的经营者必须自己组建 3G 移动通信网络,所提供的移动通信业务类型可以是一部分或全部。提供一次移动通信业务经过的网络,可以是同一个运营者网络设施,也可以由不同运营者的网络设施共同完成。提供移动网国际通信业务,必须经过国家批准设立的国际通信出入口。

目前全球有三大标准,分别是欧洲提出的 WCDMA、美国提出的 CDMA2000 和我国提出的 TD-SCDMA。

3G 基本是以 CDMA 为技术核心,开始是只有美国和欧洲两大阵营的较量。美国的 3G 标准(CDMA2000)就是在 Qualcomm 的 2G CDMA(IS-95)基础上发展而来的,欧洲的 3G 标准是在其 GSM 网络的基础上结合宽带 CDMA(WCDMA)技术而形成的。后来,西门子和中国的大唐研究出了中国的标准 TD-SCDMA(时分-同步 CDMA)。

与之前的 1G 和 2G 相比,3G 拥有更宽的带宽,其传输速度最低为 384kbit/s,最高为 2Mbit/s,带宽可达 5MHz 以上。不仅能传输话音,还能传输数据,从而提供快捷、方便的无线应用,如无线接入 Internet。能够实现高速数据传输和宽带多媒体服务是第三代移动通信的一个主要特点。第三代移动通信网络能将高速移动接入和基于互联网协议的服务结合起来,提高无线频率利用效率;提供包括卫星在内的全球覆盖并实现有线和无线以及不同无线网络之间业务的无缝连接;满足多媒体业务的要求,从而为用户提供更经济、内容更丰富的无线通信服务。

3G 的发展也可分为两个阶段:3G 的早期阶段,语音传输在原有的以"电路交换"为基础的网络上继续运行，而数据传输在新部署的以"IP 分组交换"为核心的网上传输。而真正的 3G 网络或者说下一代网络（Next Generation Network，NGN）阶段应该完全基于 IP 分组交换。这样一来，电路交换网络可以完全淘汰，而基于 IP 的语音传输可以完全实现免费，运营商的主要收入来自数据业务的服务，而不是像现在这样收入主要来自语音服务。不论技术标准如何竞争，市场如何发展，基本的发展方向是"无线"＋"IP"＋"高速"＋"无缝漫游"。当下的一些语音服务，如德国的 skype 的语音服务就是基于在当下的 IP（Internet Protocol）分组交换来实施的。

随着用户的不断增长和数字通信的发展，第二代移动电话系统逐渐显示出它的不足之处。首先是频带太窄，不能提供如高速数据、慢速图像与电视图像等的各种宽带信息业务；其次是 GSM 虽然号称"全球通"，实际未能实现真正的全球漫游，尤其是在移动电话用户较多的国家如美国、日本均未得到大规模的应用。而随着科学技术和通信业务的发展，需要的将是一个综合现有移动电话系统功能和提供多种服务的综合业务系统，所以国际电联要求在 2000 年实现商用化的第三代移动通信系统，即 IMT-2000，它的关键特性有：

1) 包含多种系统。
2) 世界范围设计的高度一致性。
3) IMT-2000 内业务与固定网络的兼容。
4) 高质量。
5) 世界范围内使用小型便携式终端。

现今具有代表性的第三代移动通信系统技术主要存在三个标准：

1) 中国的 TD-SCDMA。TD-SCDMA 系统是一个综合了时分双功（TDD）、时分多址（TDMA）、码分多址（CDMA）、频分多址（FDMA）的系统。TD-SCDAM 系统的小区的基本覆盖范围为 11.3km。当然也可以通过允许干扰或减少时隙的方法突破 11.3km 的限制。TD-SCDMA 系统采用智能天线、多用户检测等关键技术，这些技术可以降低系统的干扰，从而使得 TD-SCDMA 小区呼吸效应不像 WCDMA 系统这样明显，因此 TD-SCDMA 的容量和覆盖计算可分别考虑，然后根据系统受限的情况取定最终的设计规模。

2) 以 Qualcomm 公司为代表提出的与 IS-95 系统反向兼容的宽带 CDMA One 建议，建议采用多级 DS-CDMA，射频信道带宽 1.25/10/20MHz，PN 码片率为 1.288/3.6864/7.3728/14.7456Mbps。采用多级的目的在于将 5MHz 分为 3 个 1.25MHz 带宽的信道，以便于 IS-95 后向兼容，可以共享或重叠。美国考虑在 IMT-2000 网络发展目标上，支持以宽带分组交换网为核心，将当前的从功能上分层的网络模式演变成端到端的客户—服务器模式。

3) 专门开发与 GSM 系统反向兼容的 UMTS 标准，包括两个子方案：一个是日本的 W-CDMA，另一个是欧洲的 TD-CDMA。

日本最大的移动电话运营商 NTTDoCoMo 提出的建议为相干多码率宽带 CDMA（W-CDMA）。由于日本的第二代移动电话系统并没有成为全球化标准，而在第三代 IMT-2000 网络技术方案上，日本决心走全球化合作的道路。在支持 ITU 的 IMT-2000 家族及接口概念基础上，有意参照无线传输技术的合作方式，支持欧洲的 GSM UMTS 的网络概念。现在爱立信等公司已与 NTTDoCoMo 公司合作，共同提出无线传输技术采用 W-CD-

MA，而核心网路则沿用 GSM 网络平台，其目的在于能从 GSM 演进到第三代 IMT-2000。

欧洲西门子和阿尔卡特等公司提出了一种 TD-CDMA 方案。该方案将 FDMA/TDMA/CDMA 组合在一起，其特点是信道间隔扩展为 1.6MHz，但它的帧结构和时隙结构与 GSM 相同，扩展因子为 16，可支持每时隙 8 个用户。由于每时隙仅 8 个用户（码分），故可采用联合检测（Joint Detection）从而不需快速功率控制和减少码间干扰，另外还可采用时分双工（TDD）。移动台将采用双模手机，以便在网络、信令层与 GSM 兼容。此方案便于由 GSM 平滑过渡到第三代，故受到很多 GSM 供应商的支持。

接下来我们来介绍一下 IMT-2000 的频谱分配。1992 年世界无线电管制大会的规定：IMT-2000 频谱分配如下：上行频段：1885～2025MHz；下行频段：2110～2200MHz；移动卫星业务频段：1980～2010MHz；2170～2200MHz。

从上面的分配可以看出，其上、下行频段是不对称的，因此有的系统提出利用不对称的频段以 TDD 方式提供业务。但是在 IMT-2000 频谱分配上，各国家和地区的考虑并不相同，不可能完全遵照这样的频谱安排。

3G 主要将被应用于数据业务，能使人很明显地感觉到速度快了，保密性更好，接力切换的技术大大改善了掉话现象，还可以使用可视电话、多媒体彩铃等多媒体业务。

2.1.4 第四代移动通信系统（4G）

第四代移动通信系统（4G）是一个基本概念，仍然处在研究阶段，目前不存在实际意义上的第四代移动通信系统。4G 提供高速率、高容量、低成本和基于 IP 业务。4G 是基于 Adhoc 网络模型的，它的操作运行不需要固定的基础结构，Adhoc 网络需要全球移动性能（即移动 IP）和全球 IPv6 网络的连通性以支持每个移动设备的 IP 地址。在不同的 IP 网络（802、WLAN、GPRS 和 UMTS）中，4G 能够在更高的数据传输速率下实现无缝漫游，其数据传输速率从 2Mbit/s 到 1Gbit/s，还能够提供低时延的新业务。虽然移动设备不依赖固定的基础结构，但是在 Adhoc 网络中仍需要自组织的增强的智能并具有在分组交换网络中的路由能力。

第四代移动通信系统希望能满足更大的频宽需求，满足第三代移动通信尚不能达到的在覆盖、质量、造价上支持的高速数据和高分辨率多媒体服务的需要。4G 是集 3G 与 WLAN 于一体，并能够传输高质量视频图像，它的图像传输质量与高清晰度电视不相上下。4G 系统能够以 100Mbps 的速度下载，比拨号上网快 2000 倍，上传的速度也能达到 20Mbps，并能够满足几乎所有用户对于无线服务的要求。而在用户最为关注的价格方面，4G 与固定宽带网络在价格方面不相上下，而且计费方式更加灵活机动，用户完全可以根据自身的需求确定所需的服务。此外，4G 可以在 DSL 和有线电视调制解调器没有覆盖的地方部署，然后再扩展到整个地区。很明显，4G 有着不可比拟的优越性。目前 4G 的主要标准有 WiMax 和 LTE。

第四代通信的核心技术具体如下：

（1）软件无线电技术

软件无线电是将标准化、模块化的硬件功能单元通过一个通用硬件平台，利用软件加载方式来实现各种类型的无线电通信系统的一种具有开放式结构的新技术。通过下载不同的软件程序，在硬件平台上可实现不同功能，用以实现在不同系统中利用单一的终端进行漫游，它是解决移动终端在不同系统中工作的关键技术。软件无线电技术主要涉及数字信号处理硬件（digital signal process hardware，DSPH）、现场可编程器件（field programmable gate array，FPGA）、数字信号处理（digital signal processor，DSP）等。

(2) 多载波技术

多载波技术包括 OFDM 和多载波 CDMA 技术等，现在主要应用的是 OFDM 技术，其主要思想是：将信道分成若干正交子信道，将高速数据信号转换成并行的低速子数据流，调制在每个子信道上进行传输。正交信号可以通过在接收端采用相关技术来分开，这样可以减少子信道之间的相互干扰（ICI）。每个子信道上的信号带宽小于信道的相关带宽，因此每个子信道上的信号可以看成平坦性衰落，从而可以消除符号间干扰。

(3) MIMO 技术

MIMO 技术在一定程度上可以利用传播中的多径分量，也就是说 MIMO 可以抗多径衰落，但是对于频率选择性衰落，MIMO 技术依然是无能为力的。目前解决 MIMO 技术中的频率选择性衰落的方案可以结合 OFDM 技术，将频率选择性衰落转换为子载波上的平坦衰落。另外，OFDM 技术是 4G 的核心技术，而 OFDM 提高频谱利用率的作用有限，在 OFDM 的基础上合理开发空间资源，也就是 MIMO+OFDM，就可以提供可靠的数据传输速率。

(4) 智能天线

智能天线原名自适应天线阵列（adaptive atenna array，AAA），最初用来完成空间滤波和定位。智能天线具有抑制信号干扰、自动跟踪以及数字波束调节等智能功能，其基本工作原理是根据信号来波的方向自适应地调整方向图，跟踪强信号，减少或抵消干扰信号。智能天线可以提高信噪比，提升系统通信质量，缓解无线通信日益发展与频谱资源不足的矛盾，降低系统整体造价，因此其势必会成为 4G 系统的关键技术。

3G 和 4G 的主要区别是数据速率、业务类型、传输方式、互联网接入技术、与有线骨干网接口的兼容性、服务质量和安全性。就业务而言，3G 很难实现全球漫游和接入网络的互操作性，而 4G 业务提供商不局限在单个系统，也就是说，4G 应该能够提供低成本的非常平滑的全球漫游。但是，4G 作为一种移动通信技术，其空中接口的某些关键技术目前还没有很好解决。

2.1.5 第五代移动通信系统 (5G)

近年来，第五代移动通信系统 5G 已经成为通信业和学术界探讨的热点。5G 的发展主要有两个驱动力：一方面以长期演进技术为代表的第四代移动通信系统 4G 已全面商用，对下一代技术的讨论提上日程；另一方面，移动数据的需求爆炸式增长，现有移动通信系统难以满足未来需求，急需研发新一代 5G 系统。

5G 的发展也来自于对移动数据日益增长的需求。随着移动互联网的发展，越来越多的设备接入到移动网络中，新的服务和应用层出不穷，移动数据流量的暴涨将给网络带来严峻的挑战。首先，如果按照当前移动通信网络发展，容量难以支持千倍流量的增长，网络能耗和比特成本难以承受；其次，流量增长必然带来对频谱的进一步需求，而移动通信频谱稀缺，可用频谱呈大跨度、碎片化分布，难以实现频谱的高效使用；此外，要提升网络容量，必须智能高效利用网络资源，例如针对业务和用户的个性进行智能优化，但这方面的能力不足；最后，未来网络必然是一个多网并存的异构移动网络，要提升网络容量，必须解决高效管理各个网络，简化相互操作，增强用户体验的问题。为了解决上述挑战，满足日益增长的移动流量需求，急需发展新一代 5G 移动通信网络。

5G 移动网络与早期的 2G、3G 和 4G 移动网络一样，5G 网络是数字蜂窝网络，在这种网络中，供应商覆盖的服务区域被划分为许多被称为蜂窝的小地理区域。表示声音和图像的模拟信号在手机中被数字化，由模数转换器转换并作为比特流传输。蜂窝中的所有 5G 无线设备通过无线电波与蜂窝中的本地天线阵和低功率自动收发器（发射机和接收机）进行通信。收发器从公共频率池分配频道，这些频道在地理上分离的蜂窝中可以重复使用。本地天线通过高带宽光纤或无线回程连接与电话网络和互联网连接。与现有的手机一样，当用户从一个蜂窝穿越到另一个蜂窝时，他们的移动设备将自动"切换"到新蜂窝中的天线。

5G 网络的主要优势在于，数据传输速率远远高于以前的蜂窝网络，最高可达 10Gbit/s，比当前的有线互联网要快，比先前的 4G LTE 蜂窝网络快 100 倍。另一个优点是较低的网络延迟（更快的响应时间），低于 1ms，而 4G 为 30～70ms。由于数据传输更快，5G 网络将不仅仅为手机提供服务，而且还将成为一般性的家庭和办公网络提供商，与有线网络提供商竞争。以前的蜂窝网络提供了适用于手机的低数据率互联网接入，但是一个手机发射塔不能经济地提供足够的带宽作为家用计算机的一般互联网供应商。

5G 网络特点：

1) 峰值速率需要达到 Gbit/s 的标准，以满足高清视频，虚拟现实等大数据量传输。
2) 空中接口时延水平需要约为 1ms，满足自动驾驶，远程医疗等实时应用。
3) 超大网络容量，提供千亿设备的连接能力，满足物联网通信。
4) 频谱效率要比 LTE 提升 10 倍以上。
5) 连续广域覆盖和高移动性下，用户体验速率达到 100Mbit/s。
6) 流量密度和连接数密度大幅度提高。
7) 系统协同化、智能化水平提升，表现为多用户、多点、多天线、多摄取的协同组网，以及网络间灵活地自动调整。

2.2　5G 关键技术

5G 网络是在科技迅猛发展的带动下研发出来的一个新的前沿科技产物，其具有较强的综合性，能够为信息数据传输效率的提升起到积极的推动作用。5G 系统中的关键技术种类较多，主要有以下几种。

2.2.1　超密集异构网络

5G 网络正朝着网络多元化、宽带化、综合化、智能化的方向发展。随着各种智能终端的普及，面向 2020 年及以后，移动数据流量将呈现爆炸式增长。在未来 5G 网络中，减小小区半径，增加低功率节点数量，是保证未来 5G 网络支持 1000 倍流量增长的核心技术之一。因此，超密集异构网络成为未来 5G 网络提高数据流量的关键技术。

未来无线网络将部署超过现有站点 10 倍以上的各种无线节点,在宏基站覆盖区内,站点间距离将保持 10m 以内,并且支持在每 1km² 范围内为 25000 个用户提供服务。同时也可能出现活跃用户数和站点数的比例达到 1:1 的现象,即用户与服务节点一一对应。密集部署的网络拉近了终端与节点间的距离,使得网络的功率和频谱效率大幅度提高,同时也扩大了网络覆盖范围,扩展了系统容量,并且增强了业务在不同接入技术和各覆盖层次间的灵活性。虽然超密集异构网络架构在 5G 中有很大的发展前景,但是节点间距离的减少,越发密集的网络部署将使得网络拓扑更加复杂,从而容易出现与现有移动通信系统不兼容的问题。在 5G 移动通信网络中,干扰是一个必须解决的问题。网络中的干扰主要有:同频干扰,共享频谱资源干扰,不同覆盖层次间的干扰等。现有通信系统的干扰协调算法只能解决单个干扰源问题,而在 5G 网络中,相邻节点的传输损耗一般差别不大,这将导致多个干扰源强度相近,进一步恶化网络性能,使得现有协调算法难以应对。

准确有效地感知相邻节点是实现大规模节点协作的前提条件。在超密集网络中,密集地部署使得小区边界数量剧增,加之形状的不规则,导致频繁复杂地切换。为了满足移动性需求,势必出现新的切换算法;另外,网络动态部署技术也是研究的重点。由于用户部署的大量节点的开启和关闭具有突发性和随机性,使得网络拓扑和干扰具有大范围动态变化特性;而各小站点中较少的服务用户数也容易导致业务的空间和时间分布出现剧烈的动态变化。

2.2.2 自组织网络

传统移动通信网络中,主要依靠人工方式完成网络部署及运维,既耗费大量人力资源又增加运行成本,而且网络优化也不理想。在未来 5G 网络中,将面临网络的部署、运营及维护的挑战,这主要是由于网络存在各种无线接入技术,且网络节点覆盖能力各不相同,它们之间的关系错综复杂。因此,自组织网络(self-organizing network,SON)的智能化将成为 5G 网络必不可少的一项关键技术。

自组织网络技术解决的关键问题主要有以下 2 点:①网络部署阶段的自规划和自配置;②网络维护阶段的自优化和自愈合。自配置即新增网络节点的配置可实现即插即用,具有低成本、安装简易等优点。自优化的目的是减少业务工作量,达到提升网络质量及性能的效果,其方法是通过 UE 和 eNB 测量,在本地 eNB 或网络管理方面进行参数自优化。自愈合指系统能自动检测问题、定位问题和排除故障,大大减少维护成本并避免对网络质量和用户体验的影响。自规划的目的是动态进行网络规划并执行,同时满足系统的容量扩展、业务监测或优化结果等方面的需求。

2.2.3 内容分发网络

在 5G 中,面向大规模用户的音频、视频、图像等业务急剧增长,网络流量的爆炸式增长会极大地影响用户访问互联网的服务质量。如何有效地分发大流量的业务内容,降低用户获取信息的时延,成为网络运营商和内容提供商面临的一大难题。仅仅依靠增加带宽并不能解决问题,它还受到传输中路由阻塞和延迟、网站服务器的处理能力等因素的影响,这些问题的出现与用户服务器之间的距离有密切关系。内容分发网络(content distribution network,CDN)会对未来 5G 网络的容量与用户访问具有重要的支撑作用。

内容分发网络是在传统网络中添加新的层次，即智能虚拟网络。CDN 系统综合考虑各节点连接状态、负载情况以及用户距离等信息，通过将相关内容分发至靠近用户的 CDN 代理服务器上，实现用户就近获取所需的信息，使得网络拥塞状况得以缓解，降低响应时间，提高响应速度。CDN 网络架构在用户侧与源服务器之间构建多个 CDN 代理服务器，可以降低延迟、提高 QoS（quality of service）。当用户对所需内容发送请求时，如果源服务器之前接收到相同内容的请求，则该请求被 DNS 重定向到离用户最近的 CDN 代理服务器上，由该代理服务器发送相应内容给用户。因此，源服务器只需要将内容发给各个代理服务器，便于用户从就近的带宽充足的代理服务器上获取内容，降低网络时延并提高用户体验。随着云计算、移动互联网及动态网络内容技术的推进，内容分发技术逐步趋向于专业化、定制化，在内容路由、管理、推送以及安全性方面都面临着新的挑战。

2.2.4 D2D 通信

在 5G 网络中，网络容量、频谱效率需要进一步提升，更丰富的通信模式以及更好的终端用户体验也是 5G 的演进方向。设备到设备通信（device-to-device communication，D2D）具有潜在的提升系统性能、增强用户体验、减轻基站压力、提高频谱利用率的前景。因此，D2D 是未来 5G 网络中的关键技术之一。

D2D 通信是一种基于蜂窝系统的近距离数据直接传输技术。D2D 会话的数据直接在终端之间进行传输，不需要通过基站转发，而相关的控制指令，如会话的建立、维持、无线资源分配以及计费、鉴权、识别、移动性管理等仍由蜂窝网络负责。蜂窝网络引入 D2D 通信，可以减轻基站负担，降低端到端的传输时延，提升频谱效率，降低终端发射功率。当无线通信基础设施损坏，或者在无线网络的覆盖盲区，终端可借助 D2D 实现端到端通信甚至接入蜂窝网络。在 5G 网络中，既可以在授权频段部署 D2D 通信，也可在非授权频段部署。

2.2.5 M2M 通信

M2M（machine to machine，M2M）作为物联网最常见的应用形式，在智能电网、安全监测、城市信息化、环境监测等领域实现了商业化应用。3GPP 已经针对 M2M 网络制定了一些标准，并已立项开始研究 M2M 关键技术。M2M 的定义主要有广义和狭义 2 种。广义的 M2M 主要是指机器对机器、人与机器间以及移动网络和机器之间的通信，它涵盖了所有实现人、机器、系统之间通信的技术；从狭义上说，M2M 仅仅指机器与机器之间的通信。智能化、交互式是 M2M 有别于其他应用的典型特征，这一特征下的机器也被赋予了更多的"智慧"。

2.2.6 信息中心网络

随着实时音频、高清视频等服务的日益激增，基于位置通信的传统 TCP/IP 网络无法满足数据流量分发的要求。网络呈现出以信息为中心的发展趋势。信息中心网络（information centric network，ICN）的思想最早是 1979 年由 Nelson 提出来的，后来被 Baccala 强化。作为一种新型网络体系结构，ICN 的目标是取代现有的 IP。

ICN 所指的信息包括实时媒体流、网页服务、多媒体通信等，而信息中心网络就是这些片段信息的总集合。因此，ICN 的主要概念是信息的分发、查找和传递，不再是维护目标主机的可连通性。不同于传统的以主机地址为中心的 TCP/IP 网络体系结构，ICN 采用的是以信息为中心的网络通信模型，忽略 IP 地址的作用，甚至只是将其作为一种传输标识。全新的网络协议栈能够实现网络层解析信息名称、路由缓存信息数据、多播传递信息等功能，从而较好地解决计算机网络中存在的扩展性、实时性以及动态性等问题。ICN 信息传递流程是一种基于发布订阅方式的信息传递流程。首先，内容提供方向网络发布自己所拥有的内容，网络中的节点就明白当收到相关内容的请求时如何响应该请求。然后，当第一个订阅方向网络发送内容请求时，节点将请求转发到内容发布方，内容发布方将相应内容发送给订阅方，带有缓存的节点会将经过的内容缓存。其他订阅方对相同内容发送请求时，邻近带缓存的节点直接将相应内容响应给订阅方。因此，信息中心网络的通信过程就是请求内容的匹配过程。传统 IP 网络中，采用的是"推"传输模式，即服务器在整个传输过程中占主导地位，忽略了用户的地位，从而导致用户端接收过多的垃圾信息。ICN 网络正好相反，采用"拉"模式，整个传输过程由用户的实时信息请求触发，网络则通过信息缓存的方式，实现快速响应用户。此外，信息安全只与信息自身相关，而与存储容器无关。针对信息的这种特性，ICN 网络采用有别于传统网络安全机制的基于信息的安全机制。和传统的 IP 网络相比，ICN 具有高效性、高安全性且支持客户端移动等优势。

思考与练习

选择题

1. GSM 系统采用的多址方式为（　　）。
A. FDMA　　　B. CDMA　　　C. TDMA　　　D. FDMA/TDMA
2. 下面哪个是数字移动通信网的优点（　　）。
A. 频率利用率低　　　　　　B. 不能与 ISDN 兼容
C. 抗干扰能力强　　　　　　D. 话音质量差
3. 下列关于数字调制说法错误的是（　　）。
A. 数字调制主要用于 2G、3G 及未来的系统中
B. 数字调制也包含调幅、调相、调频三类
C. 频率调制用非线性方法产生，其信号包络一般是恒定的，因此称为恒包络调制或非线性调制
D. 幅度/相位调制也称为线性调制，因为非线性处理会导致频谱扩展，因此线性调制一般比非线性调制有更好的频谱特性
4. 为了提高容量，增强抗干扰能力，在 GSM 系统中引入的扩频技术为（　　）。
A. 跳频　　　B. 跳时　　　C. 直接序列　　　D. 脉冲线性调频
5. 位置更新过程是由下列谁发起的（　　）。
A. 移动交换中心（MSC）　　　B. 拜访寄存器（VLR）
C. 移动台（MS）　　　　　　　D. 基站收发信台（BTS）

6. MSISDN 的结构为（　　）。
   A. MCC＋NDC＋SN
   B. CC＋NDC＋MSIN
   C. CC＋NDC＋SN
   D. MCC＋MNC＋SN

7. LA 是（　　）。
   A. 一个 BSC 所控制的区域
   B. 一个 BTS 所覆盖的区域
   C. 等于一个小区
   D. 由网络规划所划定的区域

8. GSM 系统的开放接口是指（　　）。
   A. NSS 与 NMS 间的接口
   B. BTS 与 BSC 间的接口
   C. MS 与 BSS 间的接口
   D. BSS 与 NMS 间的接口

9. 如果小区半径 $r=15$ km，同频复用距离 $D=60$ km，用面状服务区组网时，可用的单位无线区群的小区最少个数为（　　）。
   A. $N=4$
   B. $N=7$
   C. $N=9$
   D. $N=12$

10. 已知接收机灵敏度为 $0.5\mu V$，这时接收机的输入电压电平 A 为（　　）。
    A. $-3dB\mu V$
    B. $-6dB\mu V$
    C. $0dB\mu V$
    D. $3dB\mu V$

11. CDMA 软切换的特性之一是（　　）。
    A. 先断原来的业务信道，再建立新的业务信道
    B. 在切换区域 MS 与两个 BTS 连接
    C. 在两个时隙间进行
    D. 以上都不是

12. 无线通信系统中根据频率的使用方法，从传输方式的角度将无线通信分为（　　）。
    A. 单工通信、双工通信和半双工通信三种工作方式
    B. 单工通信和双工通信两种工作方式
    C. 双工通信和半双工通信两种工作方式
    D. 单工通信、双工通信、半双工通信和半单工通信四种工作方式

13. GSM 系统中，为了传送 MSC 向 VLR 询问有关 MS 使用业务等信息，在 MSC 与 VLR 间规范了（　　）。
    A. C 接口
    B. E 接口
    C. A 接口
    D. B 接口

14. GSM 的用户计费信息（　　）。
    A. 在 BSC 内记录
    B. 在 BSC、MSC 及计费中心中记录
    C. 在 MSC 中记录
    D. 以上都不是

15. 以下哪种不是附加业务（　　）。
    A. 无条件前向转移
    B. 多方通话
    C. 闭锁出国际局呼叫
    D. 以上都是

16. 电波在自由空间传播时，其衰耗为 100dB，当通信距离增大一倍时，则传输衰耗为（　　）。
    A. 增加 6dB
    B. 减小 6dB
    C. 增加 12dB
    D. 不变

17. NSS 网络子系统所包括的网络单元有（　　）。
    A. MSC、BSC、AUC、VLR
    B. MSC、VLR、HLR、AUC、EIR
    C. BSC、TC、VLR、MSC、EIR
    D. MSC、VLR、AUC、HLR、BSS

18. IMSI（   ）。

A. 由 15 位二进制组成

B. 携带有 HLR 的地址信息

C. 包含有当前服务于 MS 的 VLR 的信息

D. 是国际移动台（设备）识别号

19. 语音加密（   ）。

A. 是在 VLR 与 MS 之间进行的   B. 是在 MS 与 MSC 之间进行的

C. 是在 BSS 与 MS 之间进行的   D. 是在 MSC 与 BTS 之间进行的

20. GSM 的一个物理信道为（   ）。

A. 一个突发脉冲

B. BCCH、SDCCH、FACCH、TCH 和 SACCH

C. 一个 TDMA 帧

D. 以上都不是

3 光纤通信

从1960年梅曼发明第一台红宝石激光器、康宁公司研制出低损耗光纤，直至各种光纤通信系统应用，光纤通信得到快速发展。我国1999年建成"八纵八横"干线网，目前我国光纤通信已经取得了快速发展。

3.1 光纤通信概述

光纤通信是以光纤为传输媒质，以光信号为信息载体的通信方式，属于有线通信的一种。光纤通信具有传输频带宽、通信容量大、体积小、重量轻、保密性好等许多优点。光纤通信已经成为当今最主要的有线通信方式。

3.1.1 光纤通信的定义

光纤通信是以光波为载波，以光导纤维为传输介质的信息传输过程或方式。光纤通信与电缆和微波等通信方式的主要差异有两点：一是以很高频率的光波作为载波传输信号；二是用光导纤维构成的光缆作为传输介质。因此，在光纤通信中起主导作用的是产生光波的激光器和传输光波的光导纤维。

3.1.2 光纤通信的特点

光纤通信之所以能够飞速发展成为未来通信的发展方向，是由于它具有如下突出优点：

1) 传输频带宽，通信容量大。由于光纤传输的本征带宽能达到240GHz，所以使光纤通信系统具有较大的通信容量。理论上，一根光纤可以同时传输大约100亿路电话语音和1000万路电视节目。在现在通信中，每对光纤单波长传输速度已达到320Gbit/s，可以传输约400万路电话语音信号，远远高出同轴电缆的通信容量。

2) 传输损耗小，中继距离远。与电缆相比，光纤具有的传输损耗更低，因此，中继距离可以很长（光纤通信的最大的光中继器的距离在200km以上），这样光纤通信仅需要少量的中继器。即使光缆与金属电缆的造价基本相同，少量的中继器使光纤通信系统的总成本比相应的金属电缆通信系统的要低。

3) 抗电磁干扰性好，传输质量高，保密性强。由于光纤是由纯度较高的玻璃（二氧化硅）材料制成的，是绝缘媒介，可以有效避免了像电缆间由于相互靠近而引起的电磁干扰问题，不会产生电缆通信中常见的串话现象，也难以窃听，所以光纤通信和普通通信方式相比有更好的保密性。同时不会干扰其他的通信设备或测试设备，从而大大提高了传输质量。

4) 体积小、重量轻、便于施工。裸光纤的直径为 $125\mu m$，约为头发丝的一半，与电缆相比，无论尺寸和重量上都要小很多，便于在拥挤的城市地下管道铺设。

5) 原材料丰富，节约有色金属，有利于环保。制造光纤的原材料是二氧化硅，储量丰富，可以代替铜和铝（电缆的主要材料），可以节约有色金属，有利于环保。

当然光纤系统也存在一些不足，例如：接口昂贵；光缆本身抗拉强度低；需要使用专用工具完成光纤的焊接以及维修；需要专用测试设备进行常规测量；光缆的维修既复杂又昂贵等。这些缺点在技术上都是可以解决的，它不影响光纤的使用。光纤通信现在已经在世界各国的各个领域中都得到广泛的应用，它甚至已经延伸到了我们的办公室和家中，它已经深刻改变了通信网的面貌，为现代信息社会的高速发展提供了很好的基础。

3.2 光纤通信系统

3.2.1 光纤通信系统的组成

光纤通信系统由光端机、光缆、中继器和电端机组成，如图 3-1 所示。其中光端机包括光发送机与光接收机两部分，光发送机实现电/光转换，光接收机实现光/电转换。电端机的作用是将低速支路电信号复用成高速信号，然后送往光端机中继器用来对信号放大，增加光信号传输距离。

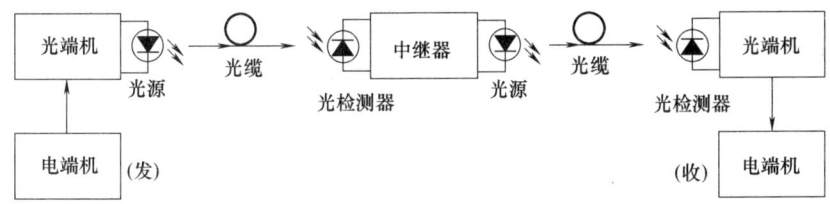

图 3-1　光纤通信系统组成

3.2.2 光纤通信的过程

话音信号被发送端的电端机通过模/数转换后变成数字信号；该数字信号经调制后，由光源（激光器）发送，发出的就是携带了信息的光波信号，当数字信号为"1"时，光源（激光器）发送一个"传号"光脉冲，当数字信号为"0"时，光源（激光器）发送一个"空号"；携带了信息的光波信号经光纤传输后到达接收端，光接收机将数字信号从光波中检测出来送给电端机；电端机再进行数模转换，恢复原始信息至此完成了一次光纤通信过程。

3.2.3 光端机

由于光纤通信系统一般都是双向的，因此将光发射机和接收机做在一起并称为光端机。下面分别介绍光发射机和光接收机。

（1）光发射机

光发射机的作用是将电端机发送过来的数字基带电信号转变成光信号，并耦合进光纤线路中进行传输。光发射机主要由光源（LD）、光源驱动控制电路与调制电路以及线路编

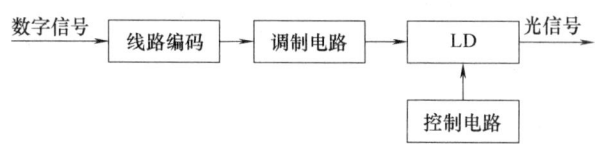

图 3-2 光发射机组成

码电路组成,如图 3-2 所示。

光发射机的核心器件是半导体激光器组成的光源(LD),光源驱动控制电路可以驱动控制光源的输出功率。线路编码电路将数字电信号转换为适合光信道传输的线路码型;调制电路将数字电信号通过光源调制转换成光信号,并送到光缆线路进行传输。

(2)光接收机

光接收机的主要作用是将光纤传输后的幅度被衰减、波形产生畸变的、微弱的光信号变换为电信号,并对电信号进行放大、整形,再生成与发送端相同的电信号。它由光电检测器、均衡放大电路、再生判决电路和码型变换组成,如图 3-3 所示。

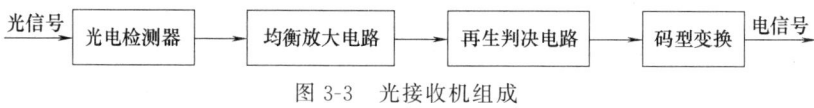

图 3-3 光接收机组成

光电检测器可以将光信号变成电信号;均衡放大电路对检测出来的电信号进行整形和放大;再生判决电路按照门限值判决生成电脉冲;码型变换将光信号码型变换成电信号码型。

3.2.4 中继器

在远距离光纤通信系统中,由于受发送光功率、光接收机灵敏度、光纤的损耗和色散的影响,将使光脉冲信号的幅度受到衰落,波形出现失真。这样,就限制了光脉冲信号在光纤中长距离的传输。为了延长通信距离,需在光波信号传输一定距离以后,加一个光中继器,以放大衰减信号,恢复失真的波形,使光脉冲得到再生。光中继器的组成如图 3-4 所示。

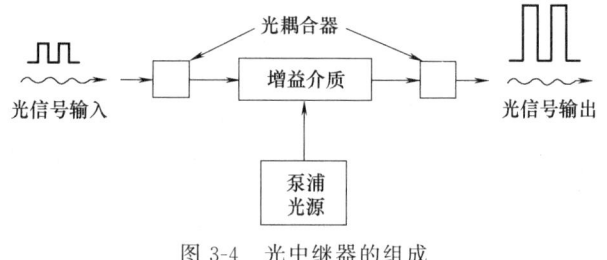

图 3-4 光中继器的组成

中继器可以分为光—电—光中继器和光中继器两种类型。

3.2.5 光纤

光纤或光缆构成光的传输通路。光纤是将发射端发出的已调光信号,经过光纤或光缆的远距离传输后,耦合到接收端的光检测器上去,完成传送信息任务。

光纤由纤芯、包层、涂覆层和套层组成,如图 3-5 所示。纤芯位于光纤中心,作用是进行光波传输,纤芯的折射率比包层稍高,损耗比包层更低。包层位于纤芯外层,为光的传输提供反射面和光隔离,将光波限制在纤芯中,并起到一定的机械保护作用。光纤支持的传输速率包括 10Mbps,100Mbps,1Gbps,10Gbps,甚至更高。

根据光纤传输的光的模式的不同,光纤分为单模光纤和多模光纤。单模光纤只能传输一种模式的光,不存在模间色散,因此适用于长距离高速传输,单模光纤的传输距离最大可以达到2k~70km,多模光纤的传输距离一般在500m以下。多模光纤允许不同模式的光,在一根光纤上传输,由于模间色散大而导致信号脉冲展宽严重,因此多模光纤主要用于局域网中的

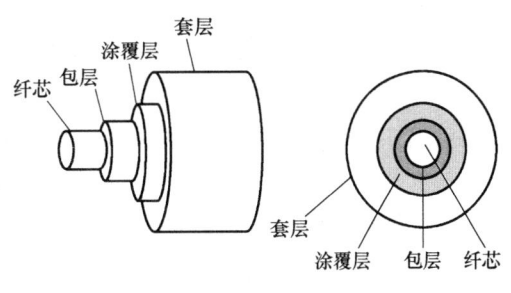

图3-5 光纤的结构

短距离传输。在网络工程中经常接触到的光纤尾纤,单模光纤为黄色,多模光纤橙色。光纤传输数据时使用的是光信号。

3.3 光纤通信的应用与发展趋势

3.3.1 光纤通信的应用

我国从20世纪70年代初开始光纤通信的研究,到20世纪80年代末,光纤通信的关键技术已达到国际先进水平。目前,我国建成了东西南北纵横交错的格状型光纤通信网,同时建成了中日、中韩以及亚欧等多条陆地、海底光缆,大大拓宽了国际通信传输通道。

光纤在各种专用通信网、广播电视网与计算机网,以及在其他数据传输系统中,都得到了广泛应用。光纤宽带干线传送网和接入网发展迅速,是当前研究开发应用的主要目标。光纤通信的各种应用可概括如下:

1) 各种专用通信网。如电力、公路、铁路等部门通信、指挥调度、监控的光缆系统。

2) 有线电视的干线及分配网;工业电视系统;自动控制系统的数据传输,如工厂、银行、商场、交通和公安部门的监控;自动控制系统的数据传输。

3) 构成互联网的计算机局域网和广域网,如光纤以太网、路由器之间的光纤高速传输链路。

4) 综合业务光纤接入网,分为有源接入网和无源接入网,可实现电话、数据、视频(会议电视、可视电话等)及多媒体业务综合接入核心网,提供各种各样的社区服务。

5) 特殊通信手段。如石油、煤矿等部门易燃易爆环境下使用的光缆及飞机、导弹等内部的光缆系统。

通信网,包括全球通信网(如横跨大西洋和太平洋的海底光缆和跨越欧亚大陆的洲际光缆干线)、各国的公共电信网(如我国的国家一级干线、各省二级干线和县以下的支线)、各种专用通信网(如电力、铁道、国防等部门通信、指挥、调度、监控的光缆系统)、特殊通信手段(如石油、化工、煤矿等部门易燃易爆环境下使用的光缆,以及飞机、军舰、潜艇、导弹和宇宙飞船内部的光缆系统)综合业务光纤接入网,实现电话、数据、视频及多媒体业务综合接入核心网,提供各种各样的社区服务。

3.3.2 光纤通信的发展趋势

光纤通信以它独特的优点被人们认为是通信史上一次革命性的变革。光纤通信网将在长途通信与市话通信中代替现有的电缆通信网，这已为各国所公认。在未来的信息社会中，交换大量信息的信息网络也将由光纤通信网络来构成。因此，有人说，如果 20 世纪的通信是电网络的时代，那么 21 世纪的信息传输将会是全新的光网络时代。光纤通信技术作为信息技术的重要支撑平台，目前国内三大运营商的主干通信网络仍主要使用 G.652 光纤。但超低损耗、超高速、超大容量以及超长距离传输的光纤一直是人们追求的目标。

随着光电技术的进步，光纤通信技术会朝以下几个方向发展：首先是低损耗单模光纤的进一步开发和研制，这是一项长期而又需要不断完善的工作；其次，为增加光频带的利用，将致力于波分复用技术和相干光通信体制的研究和实用化；第三，为了进一步提高通信速度，将发展光电混合集成电路，提高光电转换的速度，增强现有光系统的传输能力，这方面远期的发展目标是光学集成的全光线路，使更多的信号处理功能在光频上完成。

另外，为了大大提高光纤通信系统的有效性和可靠性，许多国家还在进行光放大器、相干光通信、多波道光纤通信及光弧子通信等新技术的研究。

总之，全光网络是未来信息传送网的发展方向。全光网络是以光节点代替电节点，节点之间也是全光化，即信息始终以光的形式进行传输与交换。不仅大大简化了网络结构，降低了成本，而且极大地提高了网络的稳定性与可靠性。

思考与练习

一、思考题

1. 什么是光纤通信？
2. 光纤通信的优点都有哪些？
3. 光纤通信系统的组成有哪些？它们具体的功能有哪些？
4. 光纤通信系统的具体通信过程是什么？
5. 光发送机的作用是什么？光接收机的作用是什么？
6. 从通信角度说明中继器的作用和种类。

二、填空题

1. 目前光纤通信使用的波长范围是在（　　　）区。
2. 光纤通信目前使用的三个工作窗口是（　　　）（　　　）（　　　）。
3. 1960 年，美国人梅曼发明第一台（　　　）激光器，标志着光纤通信的起源。
4. （　　　）被誉为世界光纤之父。
5. 光纤的结构包括（　　　）（　　　）（　　　）（　　　）。

4 卫星通信

自 20 世纪 90 年代以来，卫星移动通信的迅猛发展推动了天线技术的进步。卫星通信具有覆盖范围广、通信容量大、传输质量好、组网方便迅速、便于实现全球无缝连接等众多优点，被认为是建立全球个人通信必不可少的一种重要手段。

4.1 卫星通信概述

卫星通信系统实际上也是一种微波通信，它以卫星作为中继站转发微波信号，在多个地面站之间通信，卫星通信的主要目的是实现对地面的"无缝隙"覆盖，由于卫星工作于几百、几千甚至上万千米的轨道上，因此覆盖范围远大于一般的移动通信系统。但卫星通信要求地面设备具有较大的发射功率，因此不易普及使用。

4.1.1 卫星通信的定义

卫星通信简单地说就是地球上（包括地面和低层大气中）的无线电通信站间利用卫星作为中继而进行的通信，是利用人造地球卫星作为中继站来转发无线电波，从而实现两个或多个地球站之间的通信。卫星通信系统由卫星和地球站两部分组成。

4.1.2 卫星通信的方式

卫星通信方式是指卫星通信系统传输或分配语音、数据、图像、文字等信息时所采用的工作方式。

(1) 卫星运送"信号"的方式

根据基带信号处理方式，卫星通信可以分为：模拟方式和数字方式；根据信号复用的方式，可分为：单路复用和多路复用；根据信号调制的方式，可以分为：调幅、调频和调相；根据信号多址连接方式，可以分为：频分多址（FDMA）、时分多址（TDMA）、码分多址（CDMA）和混合多址；根据指配信道地址的方式，又可以分为：预分配多址（PAMA）、按需分配多址（DAMA）和随机分配多址。

实际工作中的卫星通信方式，又是由上述卫星通信方式组合而成。例如，FDM/FM/FDMA 方式，表示卫星通信方式采用的是基带频分多路复用、载波频率调制、各站之间频分多址互连这三种方式的组合。为了表述起来简单，我们用 FDMA 这一有代表性的简称来称呼这种通信方式。

(2) 常用卫星通信方式的特点和适用范围

频分多路复用/调频（FDM/FM）方式：单载波大容量，容量达到 972 单向话路，适合中大城市间大容量的信息传输。特点：频谱利用率一般（37kHz/路）、技术成熟、无须同步、模拟接口，带内数据速率一般为9.6kbit/s。

音节压扩频分多路复用/调频（CFDM/FM）方式：也是单载波大容量的方式，适用范围和特点与FDM/FM方式基本相同。不同之处是频谱利用率提高了一倍，带内数据速率为1.2kbit/s，容量为2600路。

多载波FDM（CFDM）/FM/FDMA（简称FDMA或CFDM）方式：这是多载波频分多路复用（音节压扩频分多路复用）/调频/频分多址的方式。容量在600路（800路）以上，适用于点对点的大、中容量系统，星形网。特点是频谱利用率低（60kHz/路），技术成熟，操作简单，大小型站兼容，无须同步等优点。但对多载波互调敏感，对上行链路需要进行有效的功率控制。

IDR（卫星数字通道）方式：它是多址的TDM/PSK/FDMA（时分多路复用/移相键控/频分多址）方式，也可以称为IBS（专用数据）或SMS（卫星通信多种业务）方式。再加上DSI（数字话音插空技术）和ADPCM（自适应差分脉码调制技术）的综合效果，容量可以达到1600路。适用于点对点（几个地址）间的大、中容量信息传输的星形网和网状网。特点：频谱利用率较高，技术新，为数字接口，与综合业务数字网ISDN兼容。

时分多路复用/移相键控/时分多址（TDM/PSK/TDMA）方式：简称TDMA，适用于多点对多点间的大、中容量信息传输的网状网。特点是频谱利用率高（约12kHz/路），操作复杂，需要网同步，为数字接口；卫星功率利用率高，电路可按需分配等。

单路单载波/调频（音节压扩调频）/频分多址方式［SCPC/FM（CFM）/FDMA］：为模拟的SCPC，容量为600、800、1200路，特点是频谱利用率不高，操作简单，模拟接口，电路可按需分配，大、中、小站兼容。

单路单载波/移相键控/频分多址方式［SCPS/PSK/FDMA（PCM、DM \ ADPCM）］：为数字调制SCPC方式，容量为800～1600路，特点是频谱利用率不高，技术简单，按需分配功能。

时分多路复用/时分多址（TDM/TDMA）方式：其容量不定，适用于中容量数据传输和交换的VSAT系统，需要设置中心站（即主站）。

时分多址/频分多址（TDMA/FDMA）方式：每载波容量小于20Mbit/s，特点是需设置网的同步参考站，各站需要发出同样的功率，天线口径小。

码分多址/频分多址（CDMA/FDMA）方式：又称为扩频多址（SSMA）方式。特点：通信保密性较好，抗干扰能力较强，需要设主站，适用于军用VSAT系统。

音节压扩单边带调制（CSSB）方式，容量达到7200路，适用于两个大城市间特大容量信息传输。特点是频谱利用率（4kHz/路），设备简单，模拟接口。

4.1.3 卫星通信的特点

卫星通信的特点是：通信范围大，只要在卫星发射的电波所覆盖的范围内，从任何两点之间都可以进行通信；不易受陆地灾害的影响（可靠性高），只要设置地球站电路即可开通（开通电路迅速）；同时可在多处接收，能经济地实现广播、多址通信（多址特点）；电路设置非常灵活，可随时分散过于集中的话务量；同一信道可用于不同方向或不同区间（多址连接）。

除此之外，卫星通信还有如下特点：

下行广播，覆盖范围广，对地面的情况如高山海洋等不敏感，适用于在业务量比较稀少的地区提供大范围的覆盖，在覆盖区内的任意点均可以进行通信，而且成本与距离无关。

工作频带宽，可用频段为150MHz～30GHz。目前已经开始开发0、v波段（40～50GHz）。k_a波段甚至可以支持155Mbit/s的数据业务。

通信质量好，卫星通信中电磁波主要在大气层以外传播，电波传播非常稳定。虽然在大气层内的传播会受到天气的影响，但仍然是一种可靠性很高的通信系统。

网络建设速度快、成本低，除建地面站外，无须地面施工。运行维护费用低。

信号传输时延大，高轨道卫星的双向传输时延达到秒级，用于话音业务时会有非常明显的中断。

控制复杂，由于卫星通信系统中所有链路均是无线链路，而且卫星的位置还可能处于不断变化中，因此控制系统也较为复杂。控制方式有星间协商和地面集中控制两种。

卫星通信的优点很明显：一是通信距离远，在卫星波束覆盖区域内，通信距离最远为13000km；二是不受通信两点间任何复杂地理条件的限制；三是不受通信两点间任何自然灾害和人为事件的影响；四是通信质量高，系统可靠性高，常用于海缆修复期的支撑系统。

当然，卫星通信的缺点也很明显：一是传输时延大，500～800ms的时延；二是高纬度地区难以实现卫星通信；三是为了避免各卫星通信系统之间的相互干扰，同步轨道的星位是有限度的，不能无限制地增加卫星数量；四是太空中的日凌现象和星食现象会中断和影响卫星通信；五是卫星发射的成功率为80%，发射成本不低，需要承担发射失败的风险；六是卫星的使用寿命从几年到几十年不等，需要进行长远规划。

通常我们使用卫星进行通信，主要是卫星电话这样的终端，直接和卫星通信，然后卫星再和地面站通信，接入地面通信系统，以此来实现通信的目的。

4.2 卫星通信系统

卫星通信系统由卫星端、地面端、用户端三部分组成。卫星端在空中起中继站的作用，即把地面站发上来的电磁波放大后再返送回另一地面站，卫星星体又包括两大子系统：星载设备和卫星母体。地面站则是卫星系统与地面公众网的接口，地面用户也可以通过地面站出入卫星系统形成链路，地面站还包括地面卫星控制中心及其跟踪、遥测和指令站。用户端即是各种用户终端。

按照工作轨道区分，卫星通信系统一般分为以下三类：

（1）低轨道卫星通信系统（LEO）

距地面500～2000km，传输时延和功耗都比较小，但每颗星的覆盖范围也比较小，典型系统有Motorola的铱星系统。低轨道卫星通信系统由于卫星轨道低，信号传播时延短，所以可支持多跳通信；其链路损耗小，可以降低对卫星和用户终端的要求，可以采用微型/小型卫星和手持用户终端。但是低轨道卫星系统也为这些优势付出了较大的代价：由于轨道低，每颗卫星所能覆盖的范围比较小，要构成全球系统需要数十颗卫星，如铱星系统有66颗卫星、Globalstar有48颗卫星、Teledisc有288颗卫星。同时，由于低轨道卫星的运行速度快，对于单一用户来说，卫星从地平线升起到再次落到地平线以下的时间较短，所以卫星间或载波间切换频繁。因此，低轨系统的系统构成和控制复杂、技术风险大、建设成本也相对较高。

(2) 中轨道卫星通信系统 (MEO)

距地面 2000～20000km，传输时延要大于低轨道卫星，但覆盖范围也更大，典型系统是国际海事卫星系统。中轨道卫星通信系统可以说是同步卫星系统和低轨道卫星系统的折中，中轨道卫星系统兼有这两种方案的优点，同时又在一定程度上克服了这两种方案的不足之处。中轨道卫星的链路损耗和传播时延都比较小，仍然可采用简单的小型卫星。如果中轨道和低轨道卫星系统均采用星际链路，当用户进行远距离通信时，中轨道系统信息通过卫星星际链路子网的时延将比低轨道系统低。而且由于其轨道比低轨道卫星系统高许多，每颗卫星所能覆盖的范围比低轨道系统大得多，当轨道高度为 10000km 时，每颗卫星可以覆盖地球表面的 23.5%，因而只要几颗卫星就可以覆盖全球。若有十几颗卫星就可以提供对全球大部分地区的双重覆盖，这样可以利用分集接收来提高系统的可靠性，同时系统投资要低于低轨道系统。因此，从一定意义上说，中轨道系统可能是建立全球或区域性卫星移动通信系统较为优越的方案。当然，如果需要为地面终端提供宽带业务，中轨道系统将存在一定困难，而利用低轨道卫星系统作为高速的多媒体卫星通信系统的性能要优于中轨道卫星系统。

(3) 高轨道卫星通信系统 (GEO)

距地面 35800km，即同步静止轨道。理论上，用三颗高轨道卫星即可以实现全球覆盖。传统的同步轨道卫星通信系统的技术最为成熟，自从同步卫星被用于通信业务以来，用同步卫星来建立全球卫星通信系统已经成为建立卫星通信系统的传统模式。但是，同步卫星有一个不可克服的障碍，就是较长的传播时延和较大的链路损耗，严重影响到它在某些通信领域的应用，特别是在卫星移动通信方面的应用。首先，同步卫星轨道高，链路损耗大，对用户终端接收机性能要求较高。这种系统难以支持手持机直接通过卫星进行通信，或者需要采用 12m 以上的星载天线 (L 波段)，这就对卫星星载通信有效载荷提出了较高的要求，不利于小卫星技术在移动通信中的使用。其次，由于链路距离长，传播延时大，单跳的传播时延就会达到数百毫秒，加上语音编码器等的处理时间则单跳时延将进一步增加，当移动用户通过卫星进行双跳通信时，时延甚至将达到秒级，这是用户、特别是话音通信用户所难以忍受的。为了避免这种双跳通信就必须采用星上处理使得卫星具有交换功能，但这必将增加卫星的复杂度，不但增加系统成本，也有一定的技术风险。

目前，同步轨道卫星通信系统主要用于 VSAT 系统、电视信号转发等，较少用于个人通信。

按照通信范围区分，卫星通信系统可以分为国际通信卫星、区域性通信卫星、国内通信卫星。

按照用途区分，卫星通信系统可以分为综合业务通信卫星、军事通信卫星、海事通信卫星、电视直播卫星等。

按照转发能力区分，卫星通信系统可以分为无星上处理能力卫星、有星上处理能力卫星。

按卫星的结构划分，通信卫星又可分为无源卫星和有源卫星。

按卫星的运转轨道划分，通信卫星又可分为静止卫星和运动卫星。静止卫星就是只发射到赤道上空 35800km 附近圆形轨道上的卫星，其运动方向与地球自转方向一致，并绕地球一周的时间恰好为 24h，与地球自转周期相同，因而从地球看过去，如同静止一般，因而称为静止卫星。以静止卫星作为中继站所组成的通信系统为静止卫星通信系统或同步卫星通信系统。

图 4-1 标示出了地球与静止卫星之间的相对位置。

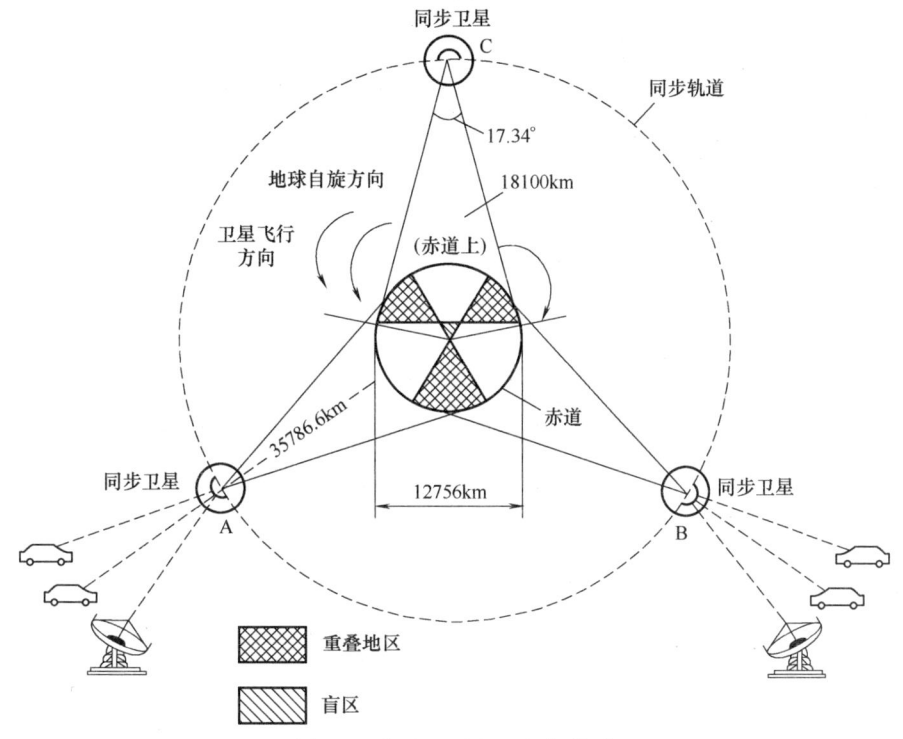

图 4-1 静止卫星配置几何关系

4.2.1 卫星通信系统的基本组成

卫星通信系统由卫星端、地面端、用户端三部分组成。卫星端在空中起中继站的作用，即把地面站发上来的电磁波放大后再返送回另一地面站，卫星星体又包括两大子系统：星载设备和卫星母体。地面站则是卫星系统与地面公众网的接口，地面用户也可以通过地面站出入卫星系统形成链路，地面站还包括地由卫星控制中心，及其跟踪、遥测和指令站。用户端即是各种用户终端。

相较于短波/超波无线通信系统，卫星通信系统的组成要复杂得多。要实现卫星通信，首先要发射人造地球卫星，还需要保证卫星正常运行的地面测控设备，其次必须有发射与接收信号的各种通信地球站。

卫星通信系统包括通信和保障通信的全部设备。一般由空间分系统、地球站、跟踪遥测及指令分系统和监控管理分系统四部分组成，如图 4-2 所示，图中实线表示通信，虚线表示监控。

跟踪遥测及指令分系统：它的任务是对卫星进行跟踪测量，控制其准确进入静止轨道

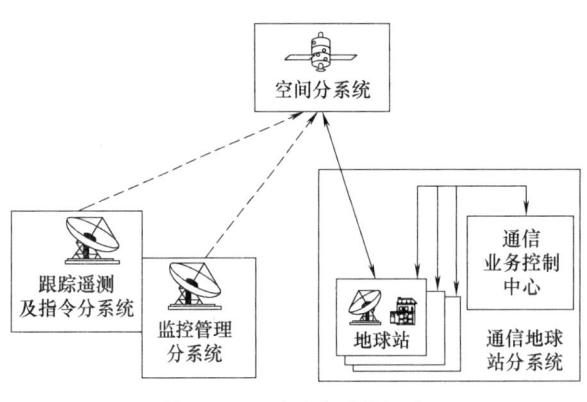

图 4-2 卫星通信系统组成

的指定位置,待卫星正常运行后,要定期对卫星进行轨道修正和位置保持。

监控管理分系统:它的任务是对定点的卫星在业务开通前、后进行通信性能的监测和控制,例如对卫星转发器功率、卫星天线增益以及地球站发射的功率、射频频率和带宽等基本通信参数进行监控,以保证正常通信。

空间分系统:通信卫星内的主体是通信装置,它的任务是保障部分星体上的遥测指令、控制系统和能源装置等。

地球站:它们是微波无线电收、发信台,用户通过它们接入卫星线路,进行通信。

4.2.2 卫星通信系统的基本工作原理

通信卫星工作的基本原理是:从一个地面站发出无线电信号,这个微弱的信号被卫星通信天线接收后,首先在通信转发器中进行放大,变频和功率放大,最后再由卫星的通信天线把放大后的无线电波重新发向另一个地面站,从而实现两个地面站或多个地面站的远距离通信。

如图 4-3 所示为一个典型的卫星通信线路,其中包括收发地球站、上下行无线传输线路和通信卫星。

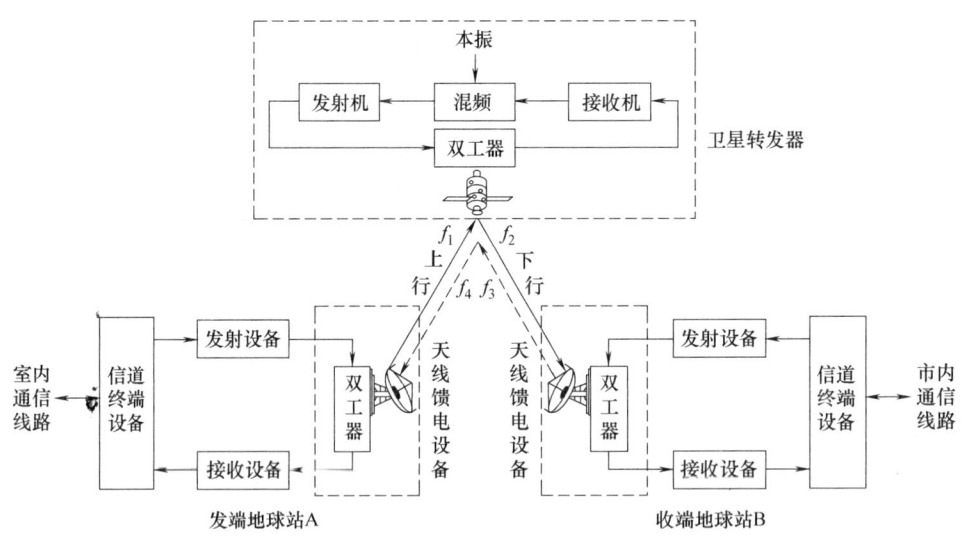

图 4-3 卫星通信线路的组成

当发端地球站 A 欲将来自市话局的多路电信号发往地球站 B 时,首先对这些多路信号进行复用,从而构成多路基带信号,然后由发射设备进行中频调制经上变频,将

70MHz 的中频信号变换成微波信号,再经射频功率放大器、双工器和地球站天线发往处于外层空间的卫星。信号经过大气层和宇宙空间传播。

卫星转发器的接收器中,首先对微波频率为 f_1 的上行信号进行低噪声放大,然后将其转换成为频率为 f_2 的下行微波信号,再经过卫星发射机的功率放大,通过双工器由天线将信号发往地面站。

(1) 地球站的基本构成

为了保证地球站与通信卫星之间的正常通信,因此国际上有关部门对标准地球站的必备性能做出了规范。

1) 地球站的品质因数指标。地球站的品质因数是指地球站接收天线的增益 G 与地球站接收系统的等效噪声温度 T 之比,它代表地球站接收微弱信号的能力,用符号 G/T 表示,不同类型的标准地球站的品质因数不同。

A 型站:$G/T \geqslant 35.0 + 20\lg \dfrac{f}{4}$ (dB/K)

B 型站:$G/T \geqslant 31.7 + 20\lg \dfrac{f}{4}$ (dB/K)

C 型站:$G/T \geqslant 37.0 + 20\lg \dfrac{f}{11.2}$ (dB/K)

2) 有效全向辐射功率 $EIRP$。有效全向辐射功率表示地球或卫星的发射能力的强弱。$EIRP = P_T \cdot G_T$

3) 稳定的射频频率。

4) 射频能量的扩散。

5) 干扰影响限制。

(2) 地球站的构成

如图 4-4 所示为一个典型的标准地球站的结构示意图,主要由天线分系统、大功率发射机分系统、低噪声接收机分系统、通信控制分系统、信道终端设备分系统和电源分系统 6 个分系统组成。

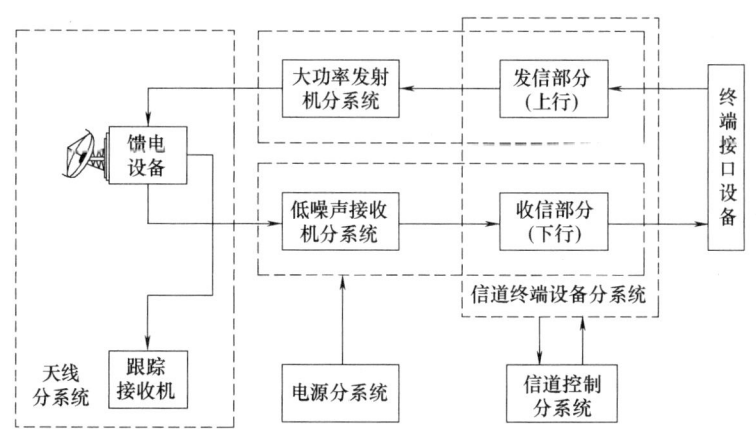

图 4-4 国际卫星通信频分多址方式 A 型标准地球站的组成方框图

(3) 地球站的天线系统

地球站天线系统是一个庞大的系统。根据地球站天线口径的大小，可将地球站划分为 A、B、C 三种站型。VSAT 称为甚小口径终端。性能以及适用业务类型如表 4-1 所示。

表 4-1　　　　各类地球站的天线尺寸、工作性能以及适用业务类型

类型	地球站标准	天线尺寸/m	最小(G/T)值/(dB/K)	业务	频段/GHz
大型站 (国家)	A C B	15～18(原30～32) 12～14(原15～18) 11～13	35.0(原40.7) 37.0(原39) 31.7	电话、数据、TV、IDR、IBS 电话、数据、TV、IDR、IBS 电话、数据、TV、IDR、IBS	6/4 14/11&12 6/4
中型站 (卫星通信)	F-3 E-3 F-2 E-2	9～10 8～10 7～8 5.0～7.0	29.0 34.0 27.0 29.0	电话、数据、IBS、TV、IDR 电话、数据、IBS、TV、IDR 电话、数据、IBS、TV、IDR 电话、数据、IBS、TV、IDR	6/4 14/11&12 6/4 14/11&12
小型站 (商用)	F-1 E-1 D-1	4.5～5 3.5 4.5～5.5	22.7 2 500 22.7	IBS、TV IBS、TV VISTA	6/4 14/11&12 6/4
VSAT TVRO	G	0.6～2.4 1.2～11	5.5 16	INTELNET TV	6/4;14/11&12 6/4;14/11&12
国内	Z	0.6～32	5.5～16	国内	6/4;14/11&12

(4) 通信卫星的组成

1) 对通信卫星的技术要求。符合维持通信卫星正常工作的供电要求；保持正常的卫星姿态；保持稳定的自旋速度；保持在规定的轨道上；卫星上的设备应工作在稳定的温度环境下。

2) 通信卫星的组成。其组成结构如图 4-5 所示。具体包括天线分系统、通信分系统、控制分系统、遥测与指令分系统、电源分系统和温控分系统 6 个部分。

① 天线分系统：共配置了两种不同用途的天线，一种是用于收发用户信息的通信天线，另一种是适用于收发遥测指令信号的天线。通常遥测指令天线采用全向天线。

② 通信分系统：也称为卫星转发器或中继器，它是一部宽频带的收发信机。每个转发器使用一定的频段，负责覆盖指定的区域。因此要求转发器能够提供稳定可靠的工作环境，并要求附加噪声小和失真要小。

③ 控制分系统：负责完成姿态控制和位置控制功能。姿态控制用以保证卫星对地球或其他基准物保持正确的姿态。

④ 遥测与指令分系统：为了随时了解卫星内部设备的运行状态和便于地球站天线进行卫星跟踪，需要发射一系列的遥测信号，包括卫星内部工作状态信号、来自传感器的信号、指令证实信号等。指令信号是由地面控制站根据需要发起的，由转发器中的遥测指令天线负责接收，送至控制分系统。

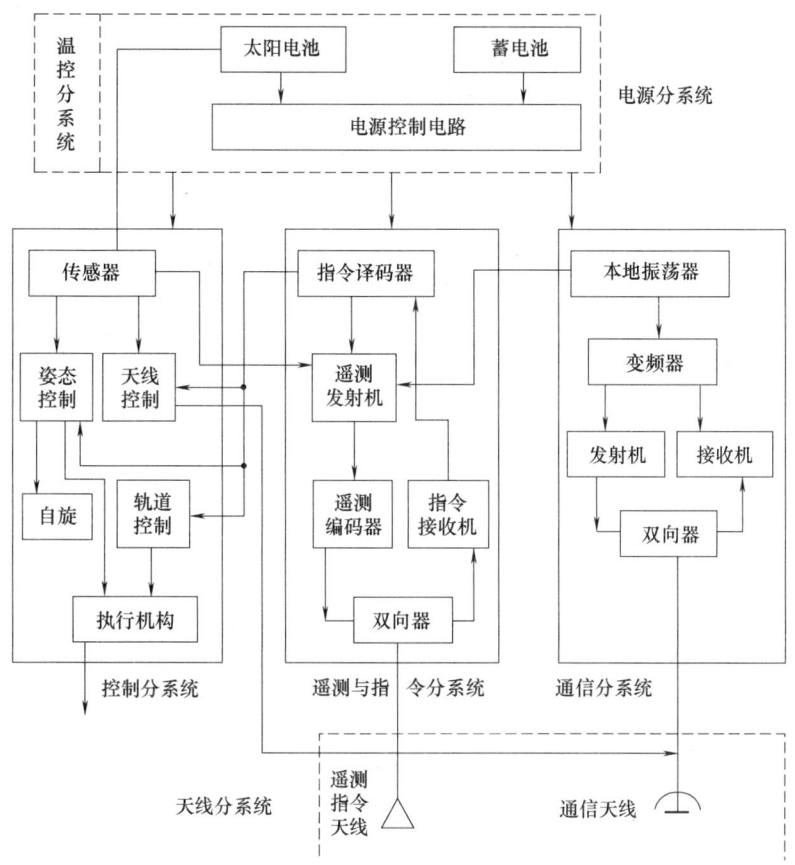

图 4-5 通信卫星组成示意图

⑤ 电源分系统：通信卫星上常使用两种电池，即太阳能电池和化学电池。

⑥ 温控分系统：当卫星围绕地球运转时，时而面向太阳，时而绕到地球背面，两者的温差变化很大，且频繁。因此必须采用温控装置来控制卫星内部的温度，以保证卫星发射频率的稳定。

3) 卫星转发器。卫星转发器常分为透明转发器和处理转发器两种。

① 透明转发器。透明转发器也称非再生转发器，包括单变频转发器和双变频转发器两种。

单变频转发器是目前使用最多的一种转发器，如图 4-6（a）所示。双变频转发器的结构如图 4-6（b）所示。

② 处理转发器。处理转发器是指除了具有转发功能之外，还具有处理功能的转发器，其结构如图 4-6（c）所示。

4) 通信卫星的天线系统。卫星天线大致可分为两种类型：一种是用于遥控、遥测和信标信号的全向天线，这类天线常用鞭状、螺旋形、绕杆式或套筒偶极子天线；是一种高频或甚高频天线。另一种是用于通信的微波定向天线，根据波束宽度不同，它又分为 3 类：全球波束天线；点波束天线；区域波束天线。

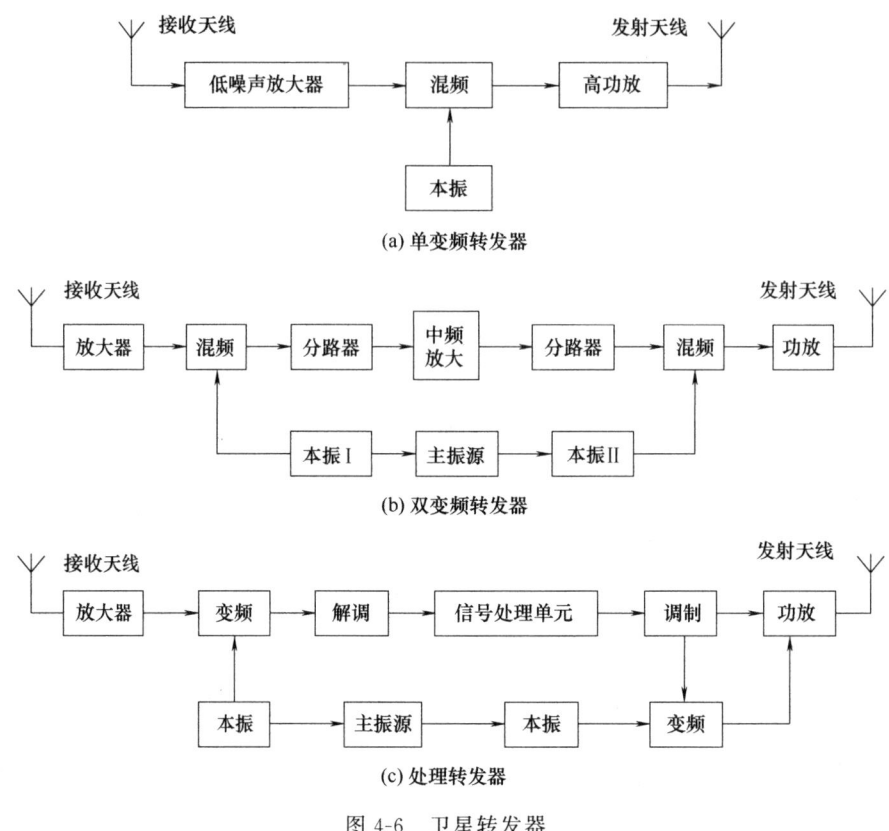

图 4-6 卫星转发器

4.3 卫星通信应用与优化

4.3.1 卫星通信技术的应用

卫星通信技术在广播电视领域中的应用。我国是一个人口众多的国家,由于人口的基数较大,我国的电视节目虽然数量众多,但是规模偏小,处于发展的前期,潜力巨大。我国各类电视节目虽然较多,但是供于村村通的节目不多,而且我国单收设备也就才百万多台。虽然我国现在处于发展阶段,和一些发达国家相比有很大的差距,但是随着我国经济发展的不断深入,一定也会达到、甚至超过这样的水平,所以卫星通信技术在电视广播领域中的应用的前景是巨大的。目前,政府以及一些电视领域中的专家普遍表示我国发展卫星电视直播的业务已经成熟,已经获得了发展 DBS 的轨位和频道,而且在发展村村通的时候又有了一定的卫星广播的经验,并且得到了广大人民的支持,现在我国自行研制的 RD 已经进入市场。在不久的将来将通过卫星传输和广播的电视会进一步覆盖更多的地方,数百套的电视节目可以任由普通消费者来选择。

卫星通信技术在计算机网络中的应用主要是提供宽带网络,而提供网络宽带属于卫星固定通信业务。目前国际上卫星宽带业务发展主要体现在两个方面,第一就是在原有的 VSAT 技术的基础上研发新的产品并利用现有的频段卫星资源,快速地建立起宽带连接,以满足用户的需求,这一种是在和地面宽带业务的竞争中来获得自己的生存空间;而另外一种是积极地发展高频段的新型卫星宽带通信系统,来适应新业务的要求,这一种是和地面相辅相成的。我国目前的状况,就是首先要积极发展卫星宽带通信业务,国内的电信经营商应该根据不同客户的需求提供不同的业务;其次就是跟踪国外在建的新型的卫星宽带通信系统;最后建立起自己的卫星宽带通信系统。

卫星移动通信凭借其覆盖范围广、不受地理条件影响等优势,与地面通信系统形成互补,广泛应用于地面通信系统不易覆盖或建设成本过高的领域。

(1) 渔政

目前我国海洋渔业大马力渔船超过 30 万艘,中小马力渔船超过 100 万艘,现有各种通信手段(手机、超短波、短波、北斗短信)都存在各种弊端,无法满足渔船和渔政指挥的需要,尤其是对通话需求极高。卫星移动通信系统可以弥补这个业务空缺。

(2) 水利防汛

据统计,我国拥有 40000 个没有通信手段的水库。按 2300 个县计算,县一级防汛指挥部门配备 1~2 部卫星移动通信系统手持终端,七大流域管理系统每流域配备 20 部手持终端,共需要约 7 万部卫星移动通信话音终端以及几十万水文自动监测数据终端。

(3) 村村通

在我国西部的很多地区,地理条件和自然环境很恶劣,地面通信已经无能为力。通过卫星方式解决特别偏远地区村村通工作具有投资较少、安装简单灵活的特点。适合固定通信、移动通信难以覆盖的偏远区域,具有较好的社会效益。

(4) 救灾

在抗震救灾中,由中国电信运营的卫星通信发挥了重要作用,形成了卫星网络与移动通信网、固网、互联网相互补充和支撑的立体保障格局。国内部分专家呼吁,我国幅员辽阔,地质复杂,各种灾害及突发事件频发,建设卫星应急通信系统显得尤其重要和迫切。

(5) 勘探科考

以石油勘探为例,石油队伍所在的探区多为沙漠和戈壁滩,地理位置偏僻,公共电信网络无法顾及。以往各油田野外作业队主要采用短波电台,已经远远满足不了石油勘探开发的发展需要。卫星通信具有不受地理环境条件的影响,覆盖面广的特点,能够满足石油勘探的通信需求。

(6) 光缆备份

2006 年年末台湾地震破坏海底通信电缆,造成了大规模的通信故障,影响重大。这一事件反映了"卫星通信作为备份手段"的重要性与迫切性。

4.3.2 卫星通信技术的优化

(1) 采用合理的卫星轨道

通信质量的优劣主要取决于距离的长短,由于卫星本身存在在外太空中,与地球的距离是通信质量受限的原因。为了避免距离问题造成的限制,可以利用低轨道卫星解决,缓解距离问题带来的困难。使用高轨道卫星可以减少卫星的使用数量,同时把卫星覆盖的范围变大,但是换成低轨道卫星的话,卫星数量增加的同时可以将地球的覆盖面积变大,低轨道卫星的使用可以使得卫星体积变小,轨道的范围也会变小,这样可以不断地缓解微波因为距离的问题而产生延时的缺点。同时,数量的增加和高轨道的同步卫星相比较,可以减少盲区的范围和区域。增加卫星的数量本身就是一项技术性的活动,所以需要技术人员有完善的计划才可以实施。

(2) 采用合理的网络拓扑结构

卫星通信技术的优化主要是指在成本方面的优化和节约,这点也是从经济学的角度考虑。首先针对卫星的网络拓扑结构分析,选择最优的结构,方便信息的采集和处理。其中包括有三种形式的网络拓扑结构,分别是星状网、网状网以及混合网。三种形式合适的范围和状况都是不同的,各有其优缺点,因此在选择合适方式中需要高瞻远瞩。

(3) 优化卫星通信的调制和编码技术

在优化卫星通信的技术方面需要了解和熟悉调制和编码的技术,通信技术中这两点是应用广泛的技术,需要在卫星通信技术中应用恰当。调制技术是需要和差错控制技术结合在一起利用的,这样可以保证信息的可靠传输和有效传输,为通信的质量提供一定的保障。对于信道的编码技术也是在卫星通信技术中引起注意的。对于任何通信技术,在调制和编码上的要求都是很高的,为了保障卫星通信技术的不断发展,这两个方面的技术发展直接制约着卫星通信技术的不断更新和进步。优化卫星通信技术的根本是能够不断提高卫星的工作效率和节省工作开销,最终可以使得通信更加安全。

4.3.3 我国卫星通信的现状

(1) 我国卫星通信 21 世纪初发展基本情况

1) 卫星固定通信。空间段建设大发展;相应的卫星公用通信网、卫星专用通信网和卫星广播电视传输网得到较好的发展。

2) 卫星移动通信。静止轨道的便携式用户终端的全球卫星移动通信系统运营良好;中低轨道的手持式用户终端的各种全球卫星移动通信系统运营不佳。

3) 卫星直接广播。国外卫星声音直播系统正在进入中国市场;国内卫星电视直播系统已纳入国家重点建设项目,前期建设准备工作已开始。

4) 卫星宽带通信。积极发展卫星宽带通信业务;密切跟踪新型卫星宽带通信系统动态。

(2) 取得成绩

1) 我国已经建成一个资源较丰富的空间段。它由覆盖国内外地区的多卫星和多频段组成。此空间段由我国独资或中外合资的 5 家经营通信卫星租赁业务的卫星公司形成。它们共拥有的转发器容量和波束覆盖区,已较好地满足了我国国内各种卫星通信用户的需求,并可为国外部分用户提供通信服务。它完全改变了 20 世纪 80 年代末、90 年代初我国转发器对国内用户供不应求的现象。

2) 我国已经建立起一定规模的卫星公用通信网。此通信网由多颗卫星和各种地球站组成。它较好地起到地面通信网的补充、延伸和应急备份作用。

3) 我国已经建立起各种用途和不同规模的卫星专用通信网。它作为公用通信网的补充,较好地为各种用户提供通信服务。

4) 我国已经建立起较大规模的广播电视卫星传输网。它为扩大我国广播电视覆盖率做出了重要贡献。广播电视节目传输已实现了 Ku 频段与 C 频段并用、数字制与模拟制并用、卫星直播与卫星转播并用。这些成就为我国使用属广播卫星业务（BSS）的 Ku 频段直播卫星进一步发展卫星广播电视业务提供了条件。

(3) 问题和建议

1) 我国国产卫星和国产地球站与国外同类产品相比，存在性能差、占有率低等差距。现有空间段商用通信卫星除中星—6 为国产卫星外，其余皆为外购卫星。现用地球站除部分天线和某些设备为国内产品外，其余皆为外购产品。因此，自主研制卫星和地球站，尽快提高技术水平和竞争能力，逐步增加国产设备比例，以适应市场需要，这是我们一项重大的战略任务，也是我们长远的奋斗目标。中星—6 卫星发射成功后，我国除继续研制和发展东三卫星平台（即中星—6 卫星平台）外，并正在研制工作能力更大的东四卫星平台，以满足各种卫星需要。

2) 我国国内 5 家卫星公司力量较分散，形不成规模优势。随着我国加入 WTO，电信业进一步开放后，将受到国内地面通信企业和国外卫星通信企业的双重竞争压力。为了迎接此挑战，5 家公司之间进行一定方式的合作很重要。2000 年，国务院决定将其中两家公司和其他有关公司组建成中国卫星通信集团公司，这是改变分散、加强联合的一项重大决策。2001 年 12 月，此集团公司已挂牌成立。

3) 我国国内 VSAT 专网存在网数多、站数少、资源浪费大、经济效益差的不足。我国大部分行业和不少大型企事业等单位建有 VSAT 专网，但其中大多数专网用户站数量较少，形不成规模优势，从而产生不了良好的经济效益，并易造成卫星资源浪费。VSAT 通信是一种组网灵活、配置方便并适合规模经营的通信系统，从技术上完全可以把大量分散的专网通过整合，相对集中形成数个大型专网为各行业和各企事业单位服务。

4.3.4 我国卫星通信的展望

随着卫星通信技术的进步和卫星通信能力的提高，卫星通信应用范围越来越广泛，服务水平越来越提高。在当今地面通信飞速发展的情况下，卫星通信在发展中虽然遇到很大的困难和风险，甚至遭受重大挫折，但由于它的不可替代的特点决定了它仍要发展和应用。因此，从全局和长远来看，未来卫星通信的发展前景仍是光明而美好的。

1) 地面电信网通常由交换网、传输网和接入网组成，现代卫星通信技术都可实现上述功能。技术上卫星通信系统已能做到不依赖地面电信网独立成网，直接向公众提供各种通信服务。这对有通信需求但无地面通信设施或建立地面通信设施不经济的地区有重要意义。这些地区是发展卫星通信业务的主要市场。

2) 随着卫星固定通信业务和卫星直接广播业务用户终端进一步小型化和可移动性，与卫星移动通信业务用户终端的区别将减小；同样，随着卫星直接广播业务由单向电视和声音广播向双向多媒体通信业务发展，卫星直接广播业务与卫星固定通信业务的区别也将减小；此外，这三种业务都在往宽带多媒体通信业务发展。这三种业务同一性增加、互异性减小的趋势，体现了这三种业务正在往融合方向发展，这种发展将更好地适应人们进行各种活动的需要。

3) 各种卫星通信网与多种地面业务传输网将进一步互连互通，成为地面业务传输网不可缺少的补充和延伸，并与地面通信网一起联合组成全球无缝隙覆盖的海陆空立体通信网。

4) 地面电信网、计算机网和有线电视网将继续往三网融合方向发展。自然，作为地面三网补充和延伸的卫星通信网也参与了融合，其步骤是不同性能和用途的卫星通信网先分别接入各种地面通信网发挥它们的作用，然后随着地面三网融合很自然地成为四网融合。

5）宽带多媒体卫星通信将会有重大发展，将成为地面信息高速公路的一个重要组成部分。它将为正在到来的信息化社会提供各种服务。

6）卫星移动通信业务将会由小到大逐渐发展起来，将成为个人通信业务一个不可缺少的组成部分。在第二代地面移动通信业务基础上发展起来的第三代移动通信业务将包含卫星移动通信业务。第三代移动通信业务的开通和进一步发展将使人们进入真正的个人通信时代。

思考与练习

一、名词解释

1. MSS
2. DTH
3. LEO
4. GEO
5. FSS
6. LMSS
7. DBS
8. SCPC
9. AMSS
10. VSAT

二、判断题

1. 必须使用静止卫星才能实现卫星通信。（   ）
2. 所有同步轨道都是静止轨道。（   ）
3. 处于赤道平面轨道上的卫星都属于静止卫星。（   ）
4. 以一个恒星日为圆形轨道周期的卫星称为静止卫星。（   ）
5. 在 VSAT 系统中，通常小站与小站之间通信使用的是单跳方式。（   ）
6. 在 VSAT 系统中，通常小站与主站之间通信使用的是双跳方式。（   ）
7. 从主站通过卫星向小站方向发射的数据称为外向数据。（   ）
8. 从小站通过卫星到主站方向的信道称为入向信道。（   ）
9. 静止卫星的轨道必然处于赤道平面上。（   ）
10. 静止轨道的倾角是零度。（   ）

三、填空题

1. 上行链路指的是（   ），下行链路指的是（   ），而星间链路则是指（   ）。

2. 卫星通信中采用的多址连接方式通常有五种,即(　　　　)。
3. 按照馈源的装置不同,轴对称天线可能有多种结构,但最广泛采用的三种结构是(　　　　)。
4. 目前在 VSAT 的网状系统中,通常使用四种类型的传输技术,即(　　　　)。
5. VSAT 小站又称远端小站,其设备主要包括(　　　　)(　　　　)和(　　　　)三部分。
6. VSAT 室内单元的两个基本部分是(　　　　)和(　　　　)。

5 信源编码

5.1 信源编码的基本概念

信源编码是一种以提高通信有效性为目的而对信源符号进行的变换,为了减少或消除信源剩余度而进行的信源符号变换。具体地说,就是针对信源输出符号序列的统计特性来寻找某种方法,把信源输出符号序列变换为最短的码字序列,使后者的各码元所载荷的平均信息量最大,同时又能保证无失真地恢复原来的符号序列。由于用于通信的语音信号和图像信号都是模拟信号,为了适应数字化传输需要,常常也将模拟信号的数字化归入信源编码的范畴。因此,从实现原理上信源编码有两重含义:一是对模拟信源输出的模拟信号进行数字化 A/D 转换,其目的是将信源的模拟信号转化成数字信号,实现模拟信号的数字化转换;二是对数字信源输出数据进行压缩以减少数字信息中的冗余度,即通常说的数据压缩,其目的是设法减少码元数目和降低码元速率。

通信中模拟信源通常都是输出模拟信号(如模拟话机输出的语音信号),为了对信息有效地进行存储、处理、传输和交换,首先应将模拟信号数字化,通过 A/D 变换变为数字信号后再在信道中传输。接收端只要进行和发送端相反的变换即 D/A 变换,就可以恢复出发送端传输的原始信号。如图 5-1 所示为模拟信号的数字化传输过程示意图。

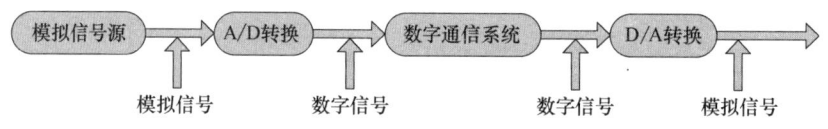

图 5-1 模拟语音信号数字化传输过程示意图

既然信源编码的基本目的是提高码字序列中码元的平均信息量,那么,一切旨在减少冗余度而对信源输出符号序列所施行的变换或处理,都可以在这种意义下归入信源编码的范畴,例如过滤、预测、域变换和数据压缩等。一般来说,减少信源输出符号序列中的冗余度、提高符号平均信息量的基本途径有两个:一是使序列中的各个符号尽可能地互相独立;二是使序列中各个符号的出现概率尽可能地相等。前者称为解除相关性,后者称为概率均匀化。这种编码实质上是对信源的原始符号按一定规则进行的一种变换,是从信源符号到码符号的一种映射。若要实现无失真编码,这种映射必须是一一对应的,并且是可逆的。

数据压缩编码按其码字的特点可分为如下几种:

1) 二元码。若码符号集为 $X = \{0, 1\}$,所得码字都是一些二元序列,则称为二元码。

2）等长码（或称固定长度码）。若一组码中所有码字的码长都相同，则称为等长码。

3）变长码。若一组码中所有码字的码长各不相同，即任意码字由不同长度的码符号序列组成，则称为不等长码或变长码。

4）非奇异码。若一组码中所有码字都不相同，即所有信源符号映射到不同的码符号序列，则称码为非奇异码。

5）奇异码。若一组码中有相同的码字，则称码为奇异码。

6）同价码。若码符号集中的每个码符号所占的传输时间都相同，则所得的码为同价码。对同价码来说，等长码中每个码字的传输时间都相同，而变长码中每个码字的传输时间不一定相同。电报中常用的莫尔斯码是非同价码，其码符号点和划所占的传输时间不相同。

7）码的次扩展码。假定某码，它把信源中的符号变换成码中的码字，则码的次扩展码是所有码字组成的码字序列的集合。

8）唯一可译码。若码的任意一串有限长的码符号序列只能被唯一地译成所对应的信源符号序列，则此码称为唯一可译码，或单义可译码。否则，就称为非唯一可译码或非单义可译码。

若要所编的码是唯一可译码，不但要求编码时将不同的信源符号变换成不同的码字，而且必须要求任意有限长的信源序列所对应的码符号序列各不相同，即要求码的任意有限长次扩展码都是非奇异码。因为只有任意有限长的信源序列所对应的码符号序列各不相同，才能把该码符号序列唯一地分割成一个个对应的信源符号，从而实现唯一的译码。

5.2 模—数转换

通过采样、量化和编码，将模拟信号转换成数字信号的过程就是模/数转换，如图5-2 所示。

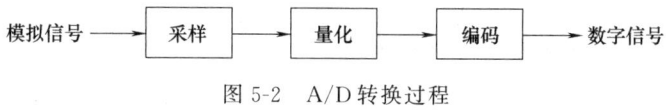

图 5-2 A/D 转换过程

5.2.1 采样与采样定理

在发送端，以固定的时间间隔对模拟信号进行抽样，将模拟信号在时间上离散化。到了接收端，利用理想低通滤波器即可重建原始模拟信号。

（1）采样原理

从时域看，利用冲激信号按照一定的时间间隔对模拟信号进行抽样；从频域看，以采样频率为间隔对模拟信号进行周期行拓展，如图 5-3 所示。

（2）重建原理

利用理想低通滤波器从输入采样信号中重建模拟信号：从时域看，采样信号的每个冲

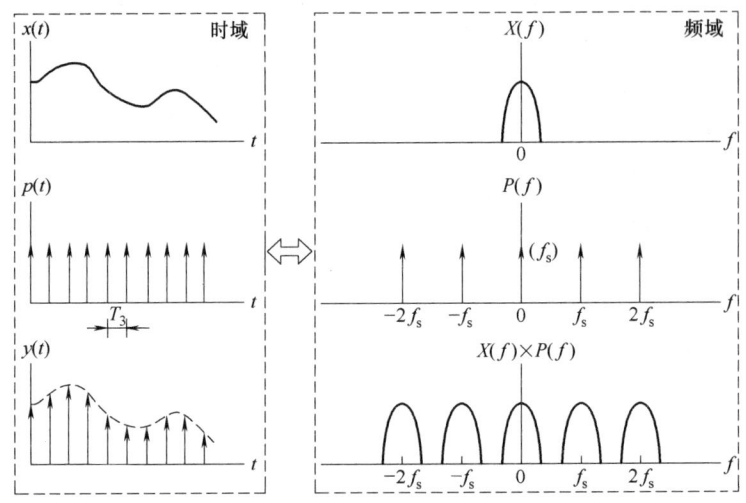

图 5-3 从时域和频域分别看采样原理

激在滤波器输出端产生一个脉冲,叠加起来就得到了原始模拟信号;从频域看,采样信号的频谱与理想低通滤波器的频率响应相乘,就得到了原始模拟信号的频谱,如图 5-4 所示。

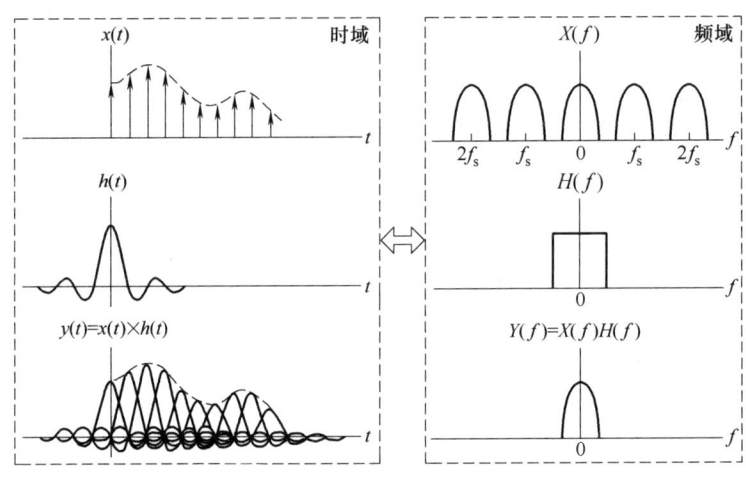

图 5-4 从时域和频域分别看重建原理

(3) 采样定理

为了确保可以从采样信号中恢复出原始的模拟信号,采样频率必须满足一定条件:采样频率必须大于模拟信号最高频率的 2 倍,这就是奈奎斯特采样定理。

以电话线上传输的语音信号为例,其最高频率为 3400Hz,要想通过采样信号重建语音信号,采样频率必须大于 $3400\times2=6800\text{Hz}$。一般编码的采样频率为 8kHz,是满足采样定理的。

1) 从时域看采样定理,利用时域波形来直观介绍采样定理。首先选取 $f=5\text{Hz}$ 的余弦波 $y=\cos(2\times\pi\times5x)$ 作为被采样的信号(其中图 5-5、图 5-6、图 5-7、图 5-8、图 5-9 的横坐标 x 为时间,纵坐标 y 为余弦信号的幅值)。

对于频率为 $f=5\,\mathrm{Hz}$ 的余弦波 $y=\cos(2\times\pi\times 5x)$,如果用 $f_s=8f=40\,\mathrm{Hz}$ 的采样频率去采样,各采样点连起来的波形就比较贴近余弦波,如图 5-5 所示,根据这些采样数据应该可以恢复出余弦信号。

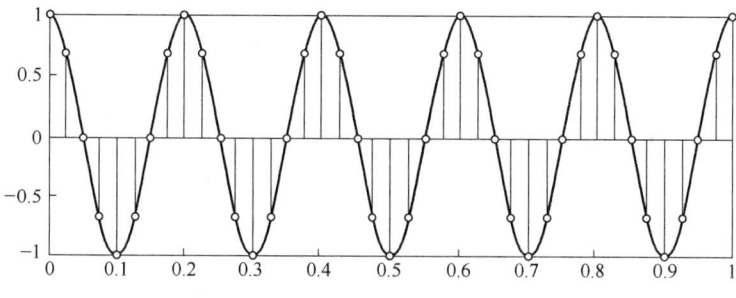

图 5-5 采样频率是信号频率的 8 倍

对于频率为 $f=5\,\mathrm{Hz}$ 的余弦波 $y=\cos(2\times\pi\times 5x)$,如果用 $f_s=4f=20\,\mathrm{Hz}$ 的采样频率去采样,各采样点连起来的波形是像个三角波,从信号周期和频率来看还算贴近余弦波,如图 5-6 所示,根据这些采样数据应该可以恢复余弦信号。

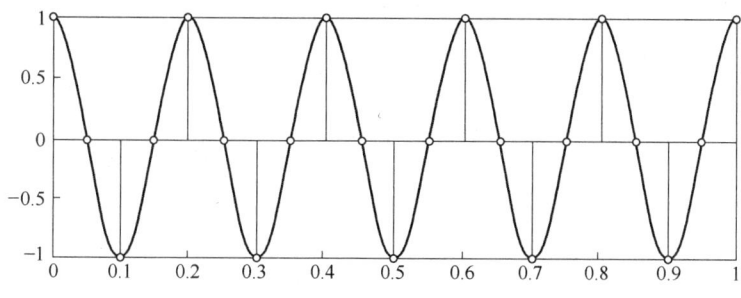

图 5-6 采样频率是信号频率的 4 倍

对于频率为 $f=5\,\mathrm{Hz}$ 的余弦波 $y=\cos(2\times\pi\times 5x)$,如果用 $f_s=2f=10\,\mathrm{Hz}$ 的采样频率去采样,各采样点连起来的波形是像个三角波,从信号周期和频率来看还算贴近余弦波,如图 5-7 所示,根据这些采样数据应该可以恢复出余弦信号。

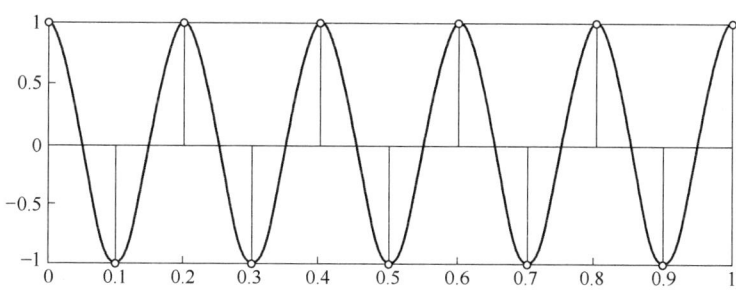

图 5-7 采样频率是信号频率的 2 倍

但是需要注意的是,用 $f_s=2f=10\,\mathrm{Hz}$ 的采样频率去采样有点困难:如果采样起始点碰巧在余弦的过零点就麻烦了,如图 5-8 所示。实际上,想根据这些样点数据再恢复出余弦信号是不可能的。

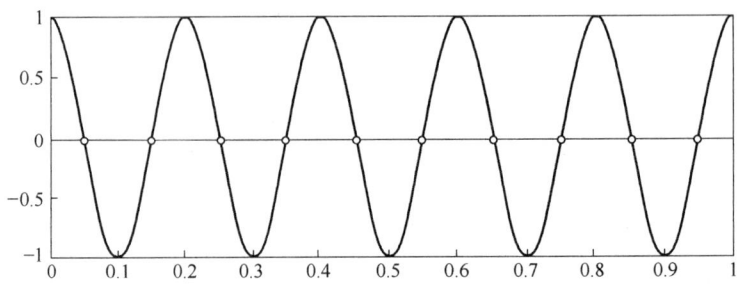

图 5-8　采样频率是信号频率的 2 倍（采样点刚好是余弦信号过零点）

对于频率为 $f=5\mathrm{Hz}$ 的余弦波 $y=\cos(2\times\pi\times 5x)$，如果用 $f_s=6\mathrm{Hz}<2f=10\mathrm{Hz}$ 的采样频率去采样，再根据样本重建信号，恢复出来的信号，结果和对频率用 $f=1\mathrm{Hz}$ 的余弦波进行采样的结果完全相同，如图 5-9 所示。换句话说，当使用 $f_s=6\mathrm{Hz}$ 的采样频率对信号进行确认后，根据采样数据我们不知道被采样的信号频率到底是 5Hz 还是 1Hz。

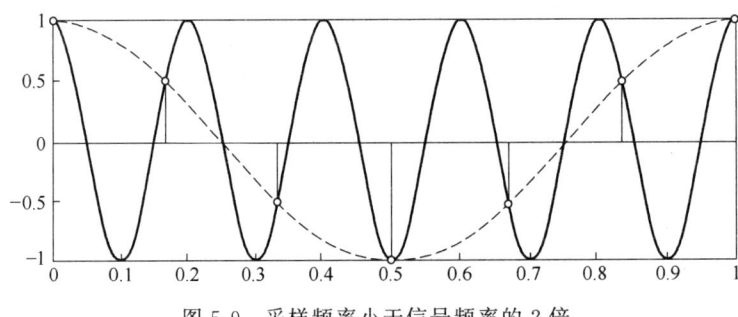

图 5-9　采样频率小于信号频率的 2 倍

以小于 2 倍信号最高频率的采样频率对信号进行采样，会出现频率混淆，这种现象被称为频率混叠。

2）从频域看采样定理。在时域对信号进行采样，相当于在频域以采样频率为间隔对频谱进行周期性拓展。信号 $x(t)$ 的频谱如图 5-10 所示，信号带宽为 B，也就是信号的最高频率等于 B。

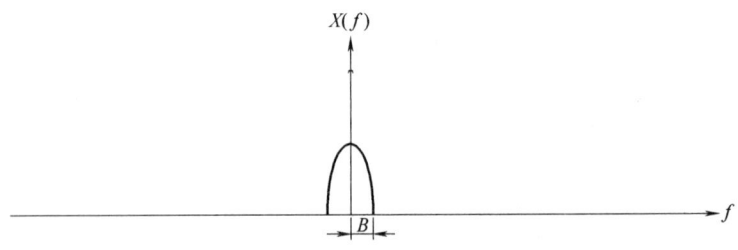

图 5-10　信号 $x(t)$ 的频谱

为了避免频率混叠，先用较高的采样频率对信号进行采样，得到的采样信号频谱如图 5-11 所示。

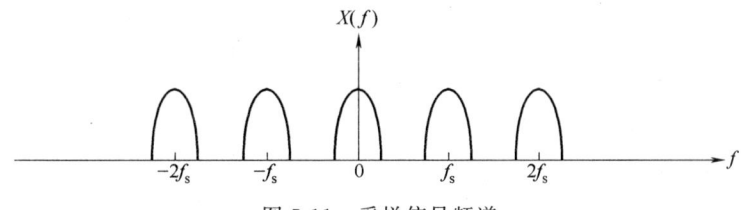

图 5-11 采样信号频谱

按上述采样频率进行采样，周期拓展的频谱之间的间隔较大，进一步减小采样频率、缩小频谱之间的间隔，也不会发生频率混叠，如图 5-12 所示。

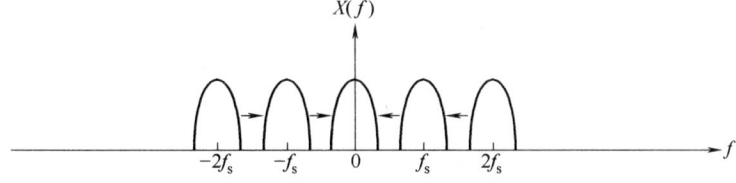

图 5-12 缩小采样频率后的采样信号频谱

再进一步减小采样频率，直至周期拓展的频谱刚好挨上为止，如图 5-13 所示。

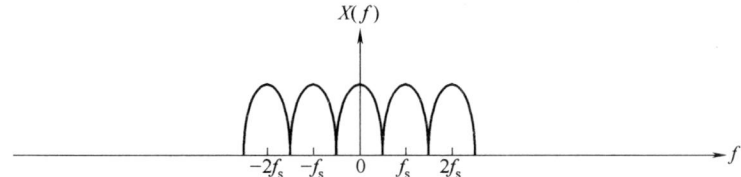

图 5-13 采样频率等于信号带宽 2 倍情况下的采样信号频谱

很明显，如果再进一步减小采样频率，就会发生频率混叠了，为了避免频率混叠，要求采样频率一定要大于信号带宽的 2 倍。

（4）频率混叠

当采样频率低于信号带宽的 2 倍，也就是低于信号最高频率的 2 倍时，周期性拓展的信号频谱交叠在了一起，如图 5-14 所示。这就是频率混叠。

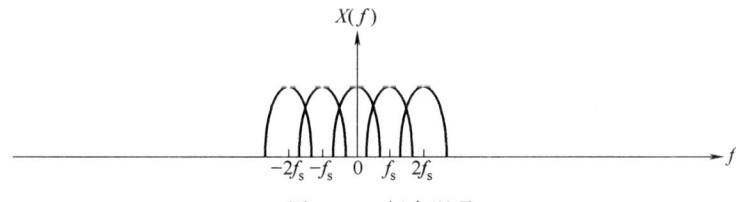

图 5-14 频率混叠

5.2.2 量化

（1）量化的概念

所谓量化，就是将采样信号的电平归一化到有限个量化电平上，实现采样信号幅度的离散化，如图 5-15 所示。

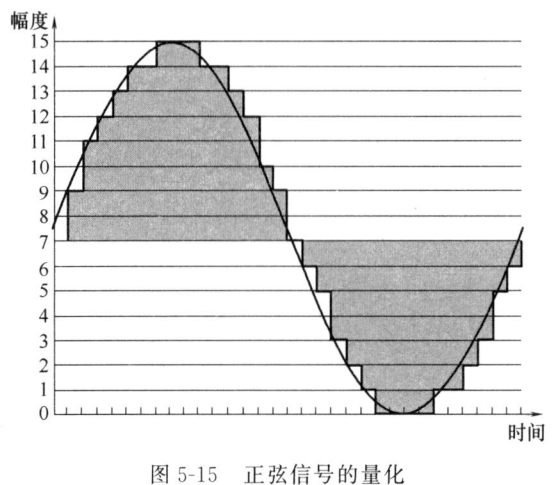

图 5-15 正弦信号的量化

下面是量化中常见的几个概念。

量化级数：量化电平的个数称为量化级数。

量化误差：信号电平的量化值和实际值之差称为量化误差，也称为量化噪声。量化噪声的幅度最大等于量化间隔的 1/2。

量化信噪比＝量化功率/量化噪声功率。

（2）均匀量化

所谓均匀量化，就是指量化电平取值等间隔。

以某波形信号为例，均匀量化后的电平如图 5-16 所示。

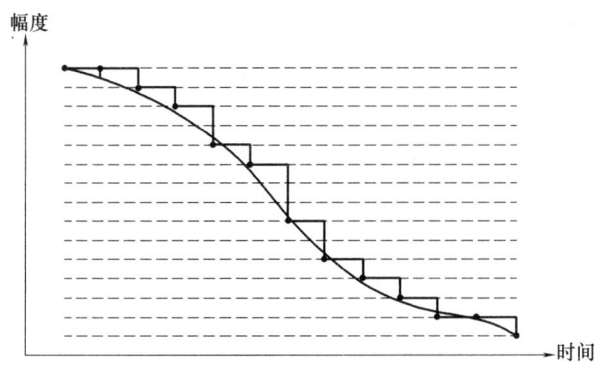

图 5-16 均匀量化（量化级数较少）

很明显量化级数越多，量化间隔越小，量化噪声越小，如图 5-17 所示。

均匀量化方法简单，但在信号电平比较低的情况下，量化信噪比比较低，如图 5-18 所示。

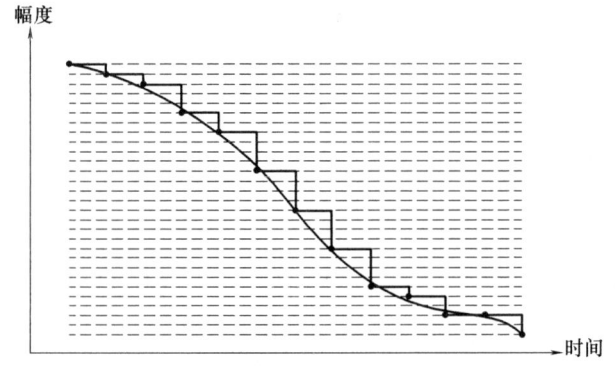

图 5-17 均匀量化（量化级数较多）

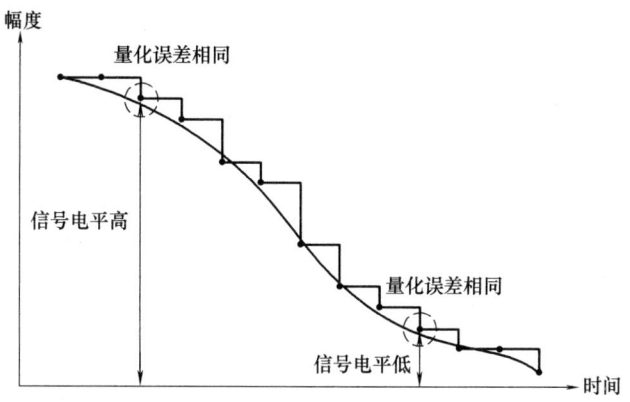

图 5-18 量化信噪比

电话通信要求线路的信噪比至少要大于 28dB，而且统计发现通话过程中出现小信号的概率大。在量化电平数不能取得太高的情况下，如果采用均匀量化，很难满足信噪比要求，由此引出了非均匀量化。

(3) 非均匀量化

所谓的非均匀量化，就是指量化电平取值不等间隔，量化间隔随着信号电平的增大而增大：小信号细量化，大信号粗量化，如图 5-19 所示。

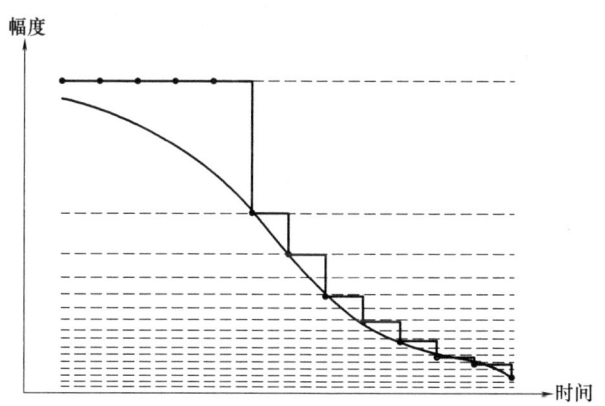

图 5-19 非均匀量化

这种量化方法相对复杂，但可以保证信号电平比较小和信号电平比较大场景下的量化信噪比差不多。

一般在发送端使用一个压缩器串接一个均匀量化器来实现非均匀量化，相应地在接收端要有一个扩张器，如图 5-20 所示。

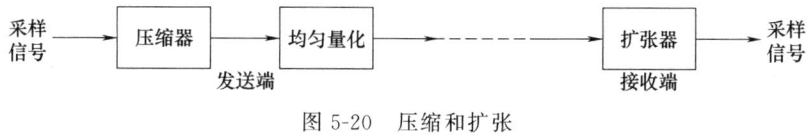

图 5-20 压缩和扩张

压缩器和扩张器的输出—输入关系，如图 5-21 所示。

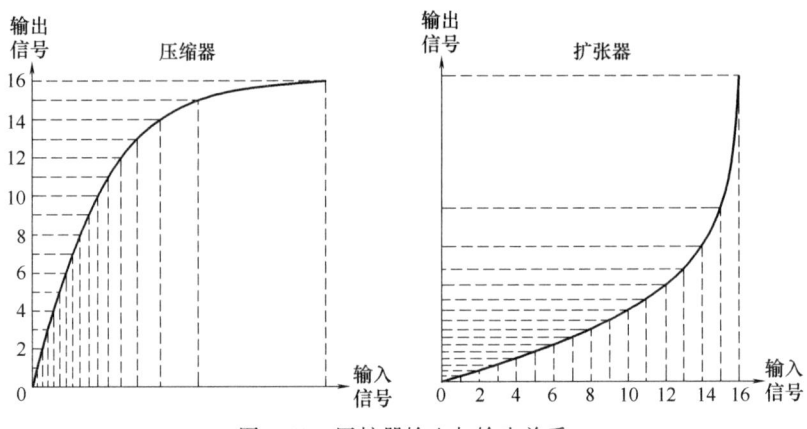

图 5-21 压扩器输入与输出关系

5.2.3 编码

所谓的编码就是将量化后的信号电平值用二进制数字来表示。量化电平数为 N 的情况下，信号电平值需要 $\log_2 N$ 位二进制数字来表示。以量化电平数 16 为例，需要 4 位二进制数字表示，如表 5-1 所示。

表 5-1　16 个量化电平的编码

量化级数	b_3	b_2	b_1	b_0
15	1	1	1	1
14	1	1	1	0
13	1	1	0	1
12	1	1	0	0
11	1	0	1	1
10	1	0	1	0
9	1	0	0	1
8	1	0	0	0
7	0	0	0	0
6	0	0	0	1
5	0	0	1	0
4	0	0	1	1
3	0	1	0	0
2	0	1	0	1
1	0	1	1	0
0	0	1	1	1

5.2.4 实现

通信系统中的模/数转换功能一般由 ADC 来完成，数/模转换由 DAC 来完成。

(1) ADC

ADC 就是模数转换器。

1) 工作原理。如图 5-22 所示是一个 3 位并行比较性 ADC 的工作原理框图，主要由电阻分压器、电压比较器、寄存器及编码器组成。

图中 8 个电阻将参考电压分成 8 个等级，其中 7 个等级的电压分别作为 7 个比较器 $C_1 \sim C_7$ 的参考电压，其数值分别为 $\dfrac{V_{REF}}{15}$、$\dfrac{3V_{REF}}{15}$、$\cdots$、$\dfrac{13V_{REF}}{15}$。

输入电压为 V_1，它的大小决定各比较器的输出状态，例如：当 $0 \leqslant V_1 < \dfrac{V_{REF}}{15}$ 时，$C_7 \sim C_1$ 的输出状态都为 0；当 $\dfrac{3V_{REF}}{15} \leqslant V_1 < \dfrac{5V_{REF}}{15}$ 时，比较器 C_6 和 C_7 的输出 $C_6 = C_7 = 1$，其余各比较器的状态均为 0。

比较器的输出状态由 D 触发器存储，经优先编码器编码，得到数字量输出。

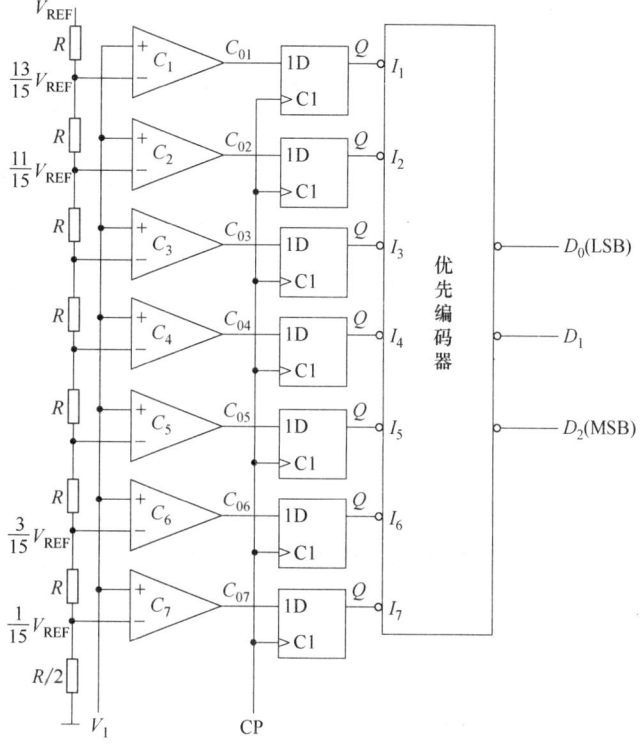

图 5-22 ADC 工作原理图

V_1 变化范围是 $0 \sim V_{REF}$，输出 3 位数字量为 D_2、D_1、D_0，3 位并行比较型 A/D 转换器的输入、输出关系如表 5-2 所示。

表 5-2　　　　　　　　3 位并行 A/D 转换器输入与输出关系对照表

模拟输入	比较器输出状态							数字输出		
	C_{01}	C_{02}	C_{03}	C_{04}	C_{05}	C_{06}	C_{07}	C_2	C_1	C_0
$0 \leqslant V_1 < V_{REF}/15$	0	0	0	0	0	0	0	0	0	0
$V_{REF}/15 \leqslant V_1 < 3V_{REF}/15$	0	0	0	0	0	0	1	0	0	1
$3V_{REF}/15 \leqslant V_1 < 5V_{REF}/15$	0	0	0	0	0	1	1	0	1	0
$5V_{REF}/15 \leqslant V_1 < 7V_{REF}/15$	0	0	0	0	1	1	1	0	1	1
$7V_{REF}/150 \leqslant V_1 < 9V_{REF}/15$	0	0	0	1	1	1	1	1	0	0
$9V_{REF}/15 \leqslant V_1 < 11V_{REF}/15$	0	0	1	1	1	1	1	1	0	1
$11V_{REF}/15 \leqslant V_1 < 13V_{REF}/15$	0	1	1	1	1	1	1	1	1	0
$13V_{REF}/15 \leqslant V_1 < V_{REF}$	1	1	1	1	1	1	1	1	1	1

2) 信号波形。为了更好地理解 ADC 原理，将输入信号（a）、时钟脉冲（b）、采样

信号（c）、量化电平信号（d）画到一张图中，如图 5-23 所示。

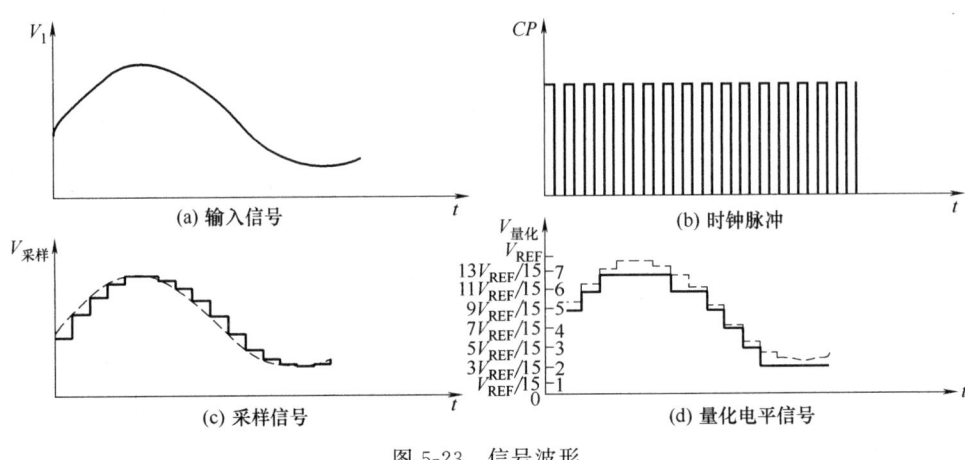

图 5-23 信号波形

（2）DAC

DAC 就是数/模转换器。

如图 5-24 所示是 3 位网络型 DAC 的工作原理框图，主要由单刀双掷电子开关、基准电压及运算放大器三部分组成。

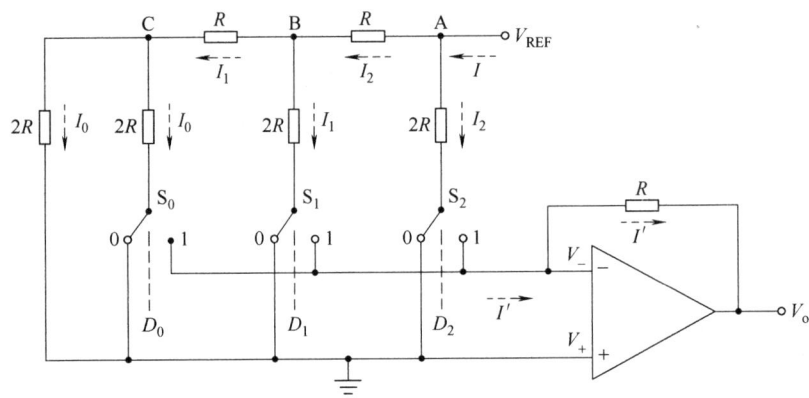

图 5-24 DAC 工作原理框图

电阻 R 和 $2R$ 构成电阻网络。$S_2 \sim S_0$ 是 3 个电子开关，它们分别受输入的数字信号 3 位二进制 $D_2 \sim D_0$ 的控制，D_2 为最高位，D_0 为最低位：

当 $D_i = 0$（$i = 0, 1, 2$）时，电子开关拨向左边，接地；

当 $D_i = 1$（$i = 0, 1, 2$）时，电子开关拨向右边，与运算放大器的反相输入端相接。

运算放大器构成反相比例放大器，输出 V_0 为模拟信号电压，V_{REF} 为基准电压。

由于运算放大器的反相输入端为"虚地"，因此，无论电子开关置于左边还是右边，从 T 形电阻网络节点对"地"往左看的等效电阻均为 R，因此可以很方便地求得电路中有关电流的表示式：

$$I = \frac{V_{REF}}{R} \tag{5-1}$$

$$I_2 = \frac{I}{2} \tag{5-2}$$

$$I_1 = \frac{I_2}{2} = \frac{I}{4} \tag{5-3}$$

$$I_0 = \frac{I_1}{2} = \frac{I}{8} \tag{5-4}$$

而流经反馈电阻的总电流与电子开关所处状态有关,只有拨向右边时,对应的电流才会流向反馈电阻,因此:

$$I' = D_0 I_0 + D_1 I_1 + D_2 I_2 = D_0 \left(\frac{I}{8}\right) + D_1 \left(\frac{I}{4}\right) + D_2 \left(\frac{I}{2}\right) = \frac{V_{REF}}{R}\left(\frac{D_0}{8} + \frac{D_1}{4} + \frac{D_2}{2}\right) \tag{5-5}$$

注:由于运算放大器的"虚断"特性,流入反相输入端的电流忽略不计。运算放大器输出电压:

$$V_0 = -I'R = -V_{REF}\left(\frac{D_0}{8} + \frac{D_1}{4} + \frac{D_2}{2}\right) = -\frac{V_{REF}}{8}(D_0 + 2D_1 + 4D_2) \tag{5-6}$$

假定:$V_{REF} = -10\text{V}$

输入数字信号对应的输出模拟电压如表 5-3 所示。

表 5-3　　　　　　　　输入数字信号与输出模拟电压对照表

$D_2 D_1 D_0$	V_0/V	$D_2 D_1 D_0$	V_0/V
000	0	100	40/8
001	10/8	101	50/8
010	20/8	110	60/8
011	30/8	111	70/8

很明显,输出模拟电压与输入数字量成正比,如图 5-25 所示,数/模转换完成。

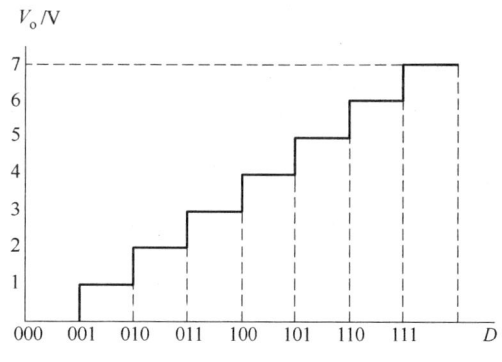

图 5-25　DAC 的转换特性图

5.3　图像编码

5.3.1　图像压缩方法概述

视频编码与音频编码类似,也包括模/数转换和压缩编码两个过程,如图 5-26 所示。

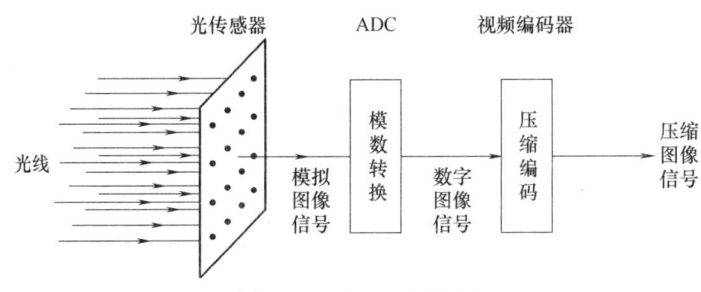

图 5-26　黑白视频编码

光传感器由众多的光电器件组成的阵列构成，光电器件可以将照射到表面的光的强弱转换成电信号。成像的过程就是矩阵扫描过程，当景物光照射到光传感器表面时，矩阵高速开关电路逐行逐点地将每点的电信号按顺序输出，便可完整地将整幅景物电信号扫描出来。扫描得到的模拟图像信号经过 ADC 转换成数字图像信号，再经过压缩编码得到压缩的数字图像信号。

经过上述处理得到的是黑白图像（严格来讲应该称为灰度图像）的数字信号，要想得到彩色图像的数字信号怎么办？

根据三基色原理，每个像素的颜色都可以分解成红、绿、蓝三种颜色，如图 5-27 所示。可以先利用分色棱镜，将入射光线分解成红、绿、蓝三束光线，如图 5-28 所示。光线射入第一个棱镜 A，蓝色成分的光束被低通滤镜的涂层 F_1 反射。蓝色成分的光束是波长短的高频光，而波长更长的低频光可以通过。蓝光经由棱镜另一面全反射后，由棱镜 A 射出。其余的光线进入棱镜 B，然后被第二个涂层 F_2 分裂，红光被反射，而波长较短的光能够穿透。红光同样经过棱镜 A 和 B 之间的一个细小的空气隙全反射，其余的绿色成分的光线则进入棱镜 C。

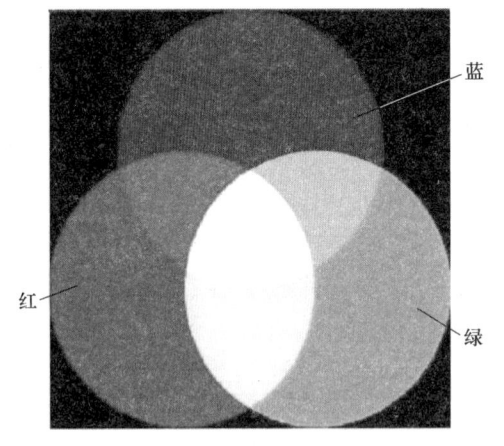

图 5-27　三基色

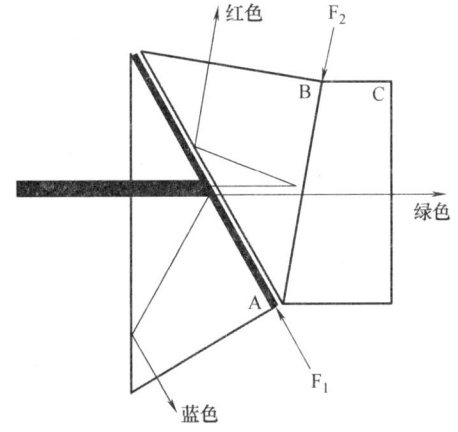

图 5-28　分色原理

再将红、绿、蓝三束光线分别照射到 3 个光传感器上。

最后通过模/数转换、压缩编码得到三路数字信号，如图 5-29 所示。

注意：光传感器不能感知光的颜色，只能感知光的强弱，并将其转换成电信号。

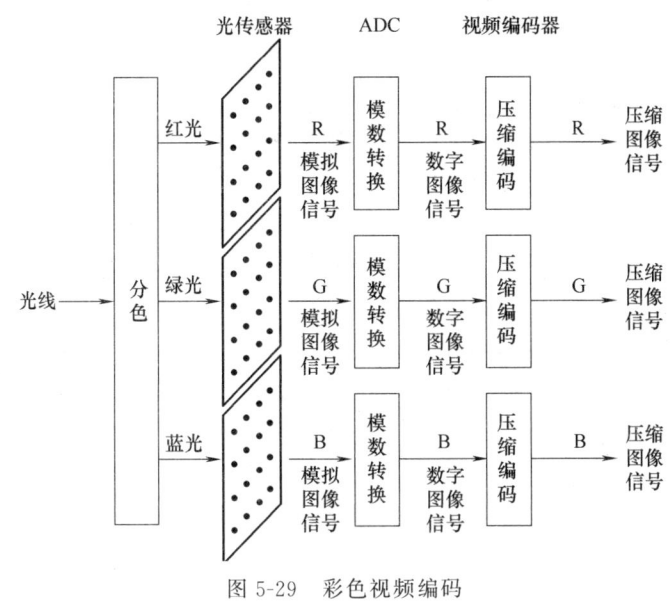

图 5-29 彩色视频编码

5.3.2 常见图像压缩标准与算法

近年来,图像编码技术得到了迅速发展和广泛应用。目前已经制定了一系列图像编码的国际标准,这些标准反映了当前图像编码的发展水平。这些标准包括:①JPEG 静止图像压缩标准;②会议电视图像压缩标准;③MPEG-1 存储介质图像编码标准;④视频编码标准;⑤极低码率编码标准;⑥MPEG-4 多媒体通信编码标准等。限于篇幅,下面只以JPEG 静止图像压缩标准为例来进行介绍。

JPEG 标准是由联合图形专家小组开发的,主要是为解决静态图形压缩问题,JPEG 是联合图形专家小组的缩写(joint photographic expert group)。这是由国际标准化组织 ISO 和国际电报电话咨询委员会 CCITT 两家联合成立的一个专家小组,它一直致力于建立适于彩色和单色的、多灰度连续色调的、静态数字图像的压缩国际标准,这个标准适于黑白及彩色照片。JPEG 标准允许使用者根据具体要求做出选择,在保证图像质量的前提下,达到很高的数据压缩比。举例来说,如果利用普通电话线传输一幅彩色照片需要 12 分钟的话,利用 JPEG 压缩技术传输仅需 18 秒。JPEG 图像的文件格式是 JPG。JPG 文件在较高压缩比条件下,与非压缩的 24 位图像格式 Targa(TGA)文件或 TIF 文件相比,在图像效果上没有太大的差别。正是由于其具有高压缩比,使得 JPEG 被广泛应用于多媒体和网络程序中。

JPEG 编码的基本步骤如下:

1)将原始图像分成 8×8 的样值子块,对每个子块图像进行 DCT 变换(discrete cosine transform,离散余弦变换)。

2)根据最佳视觉特性构造量化表,设计自适应量化器并对 DCT 的频率系数进行量化。

3)为了增加连续的 0 的个数,对量化后的系数进行 Z 字形重排,对直流系数进行 DPCM 编码,对交流系数进行 RLC 编码。

4）用霍夫曼编码对量化系数进行熵编码，进一步压缩数据量。

可以看出，在 JPEG 压缩标准中，用到了 DCT 变换编码、预测编码、游程编码、霍夫曼编码等多种编码方式。

DCT 变换编码属于正交变换编码方式，用于去除图像数据的空间冗余。变换编码就是将图像光强矩阵（时域信号）变换到系数空间（频域信号）上进行处理的方法。在空间上具有强相关的信号，反映在频域上是在某些特定的区域内能量常常被集中在一起，或者是系数矩阵的分布具有某些规律。利用这些规律在频域上可以减少量化比特数，达到压缩的目的。图像经 DCT 变换后，DCT 系数之间的相关性已经很小，而且大部分能量集中在少数的系数上，因此，DCT 变换在图像压缩中非常有用，是有损图像压缩国际标准 JPEG 的核心。从原理上讲可以对整幅图像进行 DCT 变换，但由于图像各部位上细节的丰富程度不同，这种整体处理的方式效果不好。为此，发送者首先将输入图像分解为 8×8 或 16×16 的块。每个图像块产生 64 个 DCT 系数，其中左上角第一个值是直流（DC）系数，它包含了图像的大部分能量，其余 63 个系数为交流（AC）系数。

为进一步减少数据量，舍弃一些高频的系数，并对余下的系数进行量化。量化的目的是为了压缩数据量，但也会造成数据的损失导致图像质量的下降，在 JPEG 压缩算法中采用线性均匀量化器。

一般来说，8×8 矩阵中量化后的 DCT 系数（分数值）大部分都被截取为 0 值。也就是说除了直流分量，在交流分量的系数中存在着大量的 0 值。接下来的操作中，对直流分量进行了预测编码，因为多个相邻的 8×8 子图像也存在相关性，对每个子图像的直流分量进行预测编码，即对直流系数的差值进行编码以减小编码的位数。而对于交流系数，因为交流系数中 0 的个数较多，可以采用游程编码。为了使连续的 0 的个数增多，还采用了 Z 字形扫描。然后，用霍夫曼编码对 DCT 系数再进行一次编码，进一步提高其压缩率。霍夫曼编码是一种统计编码，即对出现概率高的系数采用短的码字，而对出现概率低的系数采用长的码字，以此降低平均码字的长度，提高信息的传输效率。

思考与练习

一、思考题

1. 信源编码是什么？
2. 简述信源编码的方法。
3. 简述霍夫曼编码过程。
4. 抽样定理的内容是什么？
5. 奈奎斯特速率和奈奎斯特间隔的定义是什么？
6. 语音编码的定义、作用以及分类是什么？
7. 分组码中最小码距和纠错检错能力的关系是什么？

二、填空题

1. （　　　）是通信中最重要、最有效、最常用和最方便的通信形式。

2. 语音编码技术可以分为两类，一类是（　　），另一类是（　　）。

3. 脉冲编码调制 PCM 需要进行（　　）、量化和（　　），才能把模拟信号变为数字信号。

4. 数字通信占用的频带比较（　　），频带利用率不高。

5. 通常把理想抽样的最小抽样速率（　　）称为奈奎斯特速率。

6. （　　）是预先约定好的具有某种含义的数字、字母或符号的组合。

7. 线性 PCM 编码常用的二进制码有（　　）、折叠二进制码和（　　）等。

三、计算题

有 7 个信号 A、B、C、D、E、F、G，它们的概率分别是 0.20、0.19、0.18、0.17、0.15、0.10、0.01，对这组信号进行霍夫曼编码，并计算平均码长。

6 信道编码

信道编码是信息论的内容之一，研究通过信道编码器和译码器实现的用于提高信道可靠性的理论和方法。信道编码内容大致分为两类：一是信道编码定理，从理论上解决理想编码器、译码器的存在性问题，也就是解决信道能传送的最大信息率的可能性和超过这个最大值时的传输问题；二是构造性的编码方法以及这些方法能达到的性能界限。

6.1 概论

编码理论与技术不仅在通信、计算机以及自动控制等电子学领域中得到直接应用，而且还广泛地渗透到生物学、医学、生理学、语言学、社会学和经济学等各领域。在编码理论与自动控制、系统工程、人工智能、仿生学、电子计算机等学科互相渗透、互相结合的基础上，形成了一些综合性的新兴学科。尤其是随着数学理论，如小波变换、分形几何理论、数学形态学以及相关学科，如模式识别、人工智能、神经网络、感知生理心理学等的深入发展，世界范围内的有关专家一直在寻求现有压缩编码的快速算法，同时，又在不断探索新的科学技术在压缩编码上的应用，因此新颖高效的现代压缩方法相继产生。

6.1.1 信道编码的基本概念

信道编码的目的是为了改善通信系统的传输质量，对于不同类型的信道要设计不同类型的信道编码，才能收到良好效果。从构造方法看，所谓信道编码，其基本思路是根据一定的规律在待发送的信息码元中加入一些多余的码元，以保证传输过程的可靠性。信道编码的任务就是构造出以最小冗余度代价换取最大抗干扰性能的"好码"。从不同角度出发，可有不同的分类方法。按照信道特性和设计的码字类型进行划分，信道编码可分为纠独立随机差错码、纠突发差错码和纠混合差错码。按照码组的功能分，有检错码和纠错码。按照每个码取值来分，可分为二元码与多元码，也称为二进制码与多进制码。目前，传输系统或存储系统大多采用二进制的数字系统，所以一般提到的纠错码都是指二元码。按照对信息码元处理方法的不同分，有分组码和卷积码。按照监督码元与信息码元之间的关系分，有线性码和非线性码。线性码是指监督码元与信息码元之间的关系是线性关系，否则称为非线性码。按照循环特性分，分组码又可分为循环码和非循环码。循环码的特点是：若将其全部码字分为若干组，则每组中任一码字的码元循环移位后仍是这组的码字。非循环码是1个任意码字中码元循环移位后不一定再是这码组中的码字。按照信息码元在编码后是否保持原来的形式不变分，可分为系统码与非系统码。

6.1.2 信道编码的基本原理

在被传输的信源序列上附加一些码元，这些多余的码元与信息码元之间以某种确定的规则相互关联着。接收端根据既定的规则检验信息码元与监督码元之间的这种关系，如传输过程中发生差错，则信息码元与监督码元之间的这一关系将受到破坏，从而使接收端可以发现传输中的差错，乃至纠正差错。可见，用纠错控制差错的方法来提高通信系统的可靠性是以混合纠错检错和信息反馈等四种类型为基础。香农第二定理为通信差错控制奠定了理论基础。具体来说，码的检错和纠错能力是用信息量的冗余度来换取的。

6.2 差错控制编码

1948 年 Shannon 发表了一篇题为《通信的数学理论》（Mathematical Theory of Communication）的论文，文中指出：对于一个信道容量为 C（bit/s）的通信信道，如果通信系统所要求的码率 R 小于 C，则可能用差错控制码为此信道设计一个通信系统，使其输出差错率任意小，从此揭开了差错控制的历元。

在实际信道上传输数字信号时，由于信道传输特性不理想及信道噪声的影响，数字信号在传输过程中受到干扰，信息码元波形变坏，故传输到接收端后可能发生错误判断。由信道中乘性干扰引起的码间干扰，通常可以采用均衡的办法纠正，而加性干扰的影响则要从其他途径解决。通常，在设计数字通信系统时，首先应从合理地选择调制、解调方法以及发送功率等方面考虑。若采取上述措施仍难以满足要求，则要考虑采取差错控制措施。

差错控制的基本思想是，在发送端根据要传输的信息码元序列，按一定的规律加入多余码元，使原来不相关的信息码元变成相关的，即编码。传输时将多余码元和信息码元一起传送。接收端根据信息码元和多余码元间的规则进行检验，即译码。通过译码，可以发现传输中出现的错误，再通过反馈信道要求发送方重发有错的数据，或者由译码器自动将错误纠正。这种技术称为差错控制技术，多余码元为校验码元或监督码元。根据信息码元产生监督码元的方法称为差错控制编码，即信道编码。

从差错控制角度看，按加性干扰引起的错码分布规律的不同，信道可分为三类：随机信道、突发信道和混合信道。恒参高斯白噪声信道是典型的随机信道，其中差错的出现是随机的，而且错误之间是统计独立的。具有脉冲干扰或衰落现象的信道是典型的突发信道，错码是成串集中出现的，即在短时间内出现大量错误。在混合信道中，既存在随机错码又存在突发错误码。短波信道和对流层散射信道是混合信道的典型例子。对不同类型的信道，应采用不同的差错控制技术。

6.2.1 差错控制方法

常用的差错控制方法有三种：后向纠错法（automatic repeat request，ARQ）、前向纠错法（forward error correction，FEC）和混合纠错法（hybrid error correction，HEC）。

（1）后向纠错法 ARQ

发送端按一定的编码规则对信息码元加入有一定检错能力的监督码元。接收端根据编码规则检查接收到的编码信息,一旦检测出有错码时,即向发送端发出询问信号请求重发。发送端收到询问信号后,把发生错误的那部分信息重发,直到接收端正确接收为止。

ARQ 方式的主要优点是:因为检错码的检错能力比纠错码的纠错能力要高得多,因而整个系统的检错能力极强,只需要少量的多余码元(一般为总码元的 5%~20%)就能获得极低的输出误码率;由于检错码的检错能力与信道干扰的变化基本无关,即对各种信道的不同差错特性,有一定的自适应能力;其检错译码器简单,成本低,容易实现。这种方法的主要缺点是:由于需要反向信道,故不能用于单向传输系统,也难以用于广播(一发多收)系统,并且实现重发控制比较复杂;当信道干扰增大时,整个系统可能处在重发循环中,因而通信效率降低,甚至不能通信;不适用于实时性要求严格的传输系统。

(2) 前向纠错法 FEC

发送端对信息码元按一定的规则产生监督码元,形成具有纠错能力的码字。接收端收到码字后按规定的规则译码,当检测到接收码组中有错误时,能确定其位置,并纠正。

FEC 的优点是不需要反馈信道,能用于单向信道,并且译码延时固定,较适用于实时传输系统。其缺点是纠错设备比较复杂,且选择的检错码必须与信道的差错统计特性相一致。此外,为纠正比较多的错误,需附加很多监督元,因而传输效率很低。

(3) 混合纠错法 HEC

检错和纠错结合使用。当出现少量错码,并在接收端能够纠正时,即用前向纠错法纠正;当错码较多超过自行纠错能力,但尚能检错时,就用检错重发法,通过反馈信道要求发送端重发一遍。HEC 是 FEC 和 ARQ 两种方式的组合,在实时性和译码复杂性方面是 FEC 和 ARQ 两种方式的折中。

(4) 狭义信息反馈系统(IRQ)

这种方式是接收端把收到的消息原封不动地通过反馈信道送回发送端,发送端对发送信息与反馈回来的消息进行比较,从而发现错误,并且把传错的消息再次传送,最后达到使对方正确接收消息的目的。

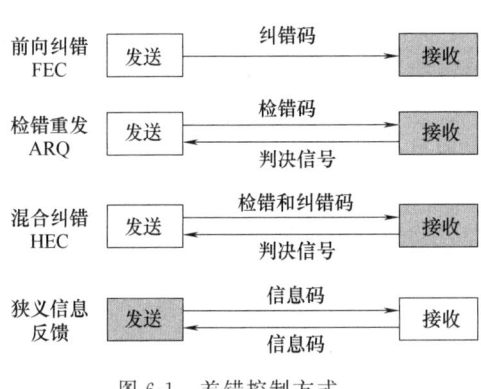

图 6-1 差错控制方式

为了便于比较,把上述几种方式用图 6-1 表示。图中有阴影的方框表示在该端检出错误。除狭义信息反馈系统外,其他三种差错控制方式都是在接收端识别有无错码,由于信息码元序列是一种随机序列,接收端是无法预知的,也无法识别其中有无错码。为了解决这个问题,可以由发送端的信道编码器在信息码元序列中增加一些监督码元。这些监督码元和信息码元之间有一定的关系,使接收端可以利用这种关系由信道译码器来发现或纠正可能存在的错码。

在信息码元序列中加入监督码元就称为差错控制编码,有时也称为纠错编码或信道编码。不同的编码方法,有不同的检错或纠错能力,有的编码只能检错,不能纠错。一般说来,付出的代价越大,检/纠错的能力就越强。所谓代价,是指增加的监督码元多少,它通常用多余度来衡量。例如,若编码序列中,平均每两个信息码元就有一个监督码元,则这种编码的多余度为 1/3。换一种说法,也可以说这种编码的编码速率为 2/3。可见,差错控制编码原则上是以降低信息传输速率为代价来换取传输可靠性的提高。

6.2.2 纠错编码的基本概念

(1) 分组码

分组码是对每段 k 位长的信息组,以一定规则增加 $r=n-k$ 个校验元,组成长为 n 的序列:$(c_{n-1}, c_{n-2}, \cdots, c_1, c_0)$,称这个序列为码字(码组)。在二进制情况下,信息组总共有 2^k 个,相应地可得到 2^k 个不同的码字,称这 2^k 个码字的集合为 (n,k) 分组码。

(2) 许用码组和禁用码组

n 位长的序列,其排列组合总共有 2^n 种,而 (n,k) 分组码的码字集合只有 2^k 种。所以,分组码的编码原理就是确定一套规则,从 2^n 个 n 位长序列中选出 2^k 个码字,不同的选取规则就得到不同的编码。对被选取的 2^k 个 n 位长的序列称为许用码组,其余的 $2^n - 2^k$ 个序列称为禁用码组。

(3) 编码效率

编码效率 $R=k/n$,表示 (n,k) 分组码中,信息位在码字中所占的比重。用差错控制编码提高通信系统的可靠性,是以降低有效性为代价换来的。

(4) 汉明(Hamming)距离与重量

两个码组中对应码位上取值不同的位数称为码组的距离,简称码距,又称汉明距离。例如,码组(10101)与码组(01111)的码距 $d=3$。

码组中非零码元的数目称为码组的重量,简称码重。例如,码组(10101)的码重 $w=3$;码组(01111)的码重 $w=4$。

(n,k) 分组码中,任两个码字之间距离的最小值,称为该分组码的最小码距 $d_{\min}$。$d_{\min}$ 是分组码的一个重要参数。它表明了分组码抗干扰能力的大小。$d_{\min}$ 越大,码的抗干扰能力越强,在同样译码方法下它的译码错误概率越小。

6.2.3 差错控制编码的基本原理

纠错编码的基本原理是在被传送的信息中附加一些监督码元,在二者之间建立某种校验关系,当这种校验关系因传输错误而受到破坏时,可以被发现并予以纠正。这种检错和纠错能力是用信息量的冗余度来换取的。

下面通过一个例子说明纠错编码的基本原理。一个由三位二进制数字构成的码组,共有 8 种不同的组合:000、001、010、011、100、101、110、111,将其全部编码都用于传送信息,其 $d_{\min}=1$,若其中任一码组在传输中发生一个或多个错码,则将变成另一信息码组。这时接收端将无法发现错误。如果在上述 8 种编码中只允许使用其中的 4 种构成许用码组来传送信息,例如:001、010、100、111,其 $d_{\min}=2$,这相当于只传送 01、10、00、11 共 4 种信息,而第 3 位是附加的。这位附加的监督码元与前面 2 位码元一起,保证码组中 "1" 码的个数为奇数。除上述 4 种许用码组以外的另外 4 种码组不满足这种校验关系,为禁用码组,在编码后的发送码元中是不可能出现的。上述 4 种许用码组中任一码组在传输中若发生一个或三个错误,接收端则收到禁用码组中的某一个码组。此时可检测出错误，但不能纠正错误。例如，当收到的码组为禁用码组 011 时，在接收端无法判断是哪一位码发生了错误，因为 001、010、111 三者错了一位都可以变成 011。要想能纠正错误，还要增加多余度。例如，若规定许用码组只有两个：000、111，其 $d_{min}=3$，其余都是禁用码组。这时，接收端能检测两个以下错码，或能纠正一个错码。

从上面的例子中，我们可以看出，最小码距 d_{min} 直接关系着码的纠错和检错能力。在一般情况下，对于分组码有以下结论：

1) 在一个码组内检测 e 个误码，要求最小码距 $d_{min} \geqslant e+1$。
2) 在一个码组内纠正 t 个误码，要求最小码距 $d_{min} \geqslant 2t+1$。
3) 在一个码组内纠正 t 个误码，同时检测 e（$e>t$）个误码，要求最小码距 $d_{min} \geqslant t+e+1$。

上述结论可以用图 6-2 所示的几何图形加以说明。图 6-2（a）中 C 表示某码组，当错码不超过 e 个时，该码组的位置移动将不超出以它为圆心，以 e 为半径的圆（实际上是多维球）。只要其他任何许用码组都不落入此圆内，则 C 发生 e 个误码时就不可能与其他许用码组混淆。即其他许用码组必须位于以 C 为圆心，以 $e+1$ 为半径的圆上或圆外。因此该码的最小码距 d_{min} 为 $e+1$。图 6-2（b）中，C_1、C_2 分别表示任意两个许用码组，当各自误码不超过 t 个时，发生误码后两码组的位置移动将各自不超出以 C_1、C_2 为圆心，t 为半径的圆。只要这两个圆不相交，则当误码小于 t 个时，

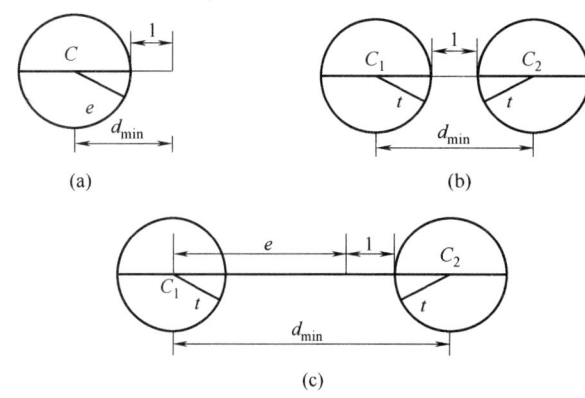

图 6-2 码距与检错和纠错能力的几何解释

根据它们落在哪个圆内，就可以正确地判断为 C_1 或 C_2，即可纠正错误。以 C_1、C_2 为圆心的两圆不相交的最近圆心距离为 $2t+1$，此即纠正 t 个误码的最小码距。图 6-2（c）中，C_1、C_2 分别表示任意两个许用码组，在最坏情况下，C_1 发生 e 个误码，而 C_2 发生 t 个误码，为了保证此时两码组仍不发生混淆，则要求以 C_1 为圆心，e 为半径的圆必须与以 C_2 为圆心，t 为半径的圆不发生重叠，即要求最小码距 $d_{min} \geqslant t+e+1$。

通过信道编码可以纠正或检测出信道误码，因而可以提高信道误码率。假设在随机信道中发送"0"时的错误概率和发送"1"时的相等，都等于 p，且 $p \ll 1$，则容易证明，在码长为 n 的码组中恰好发生 r 个错码的概率为：

$$P_n(r) = C_n^r p^r (1-p)^{n-r} \approx \frac{n!}{r!(n-r)!} p^r \tag{6-1}$$

例如，当码长 $n=7$，$p=10^{-3}$ 时，则有：

$$P_7(1) \approx 7p = 7 \times 10^{-3}$$
$$P_7(2) \approx 21p^2 = 2.1 \times 10^{-5}$$
$$P_7(3) \approx 35p^3 = 3.5 \times 10^{-8} \tag{6-2}$$

可见，采用差错控制编码，即使仅能纠正（或检测）这种码组中 1~2 个错误，也可

以使误码率下降几个数量级。这就表明,即使是较简单的差错控制编码也具有较大实际应用价值。但是,在突发信道中,由于错码是成串集中出现的,故上述仅能纠正码组中 1～2 个错码的编码,其效果就不如在随机信道中那样显著了。

6.2.4 差错控制编码分类

按照差错控制编码的不同功能,可以将其分为检错码、纠错码。检错码只能发现错误,纠错码不仅能发现错误,而且能自动纠正错误。

按照对信息码元处理方法的不同,分为分组码与卷积码两大类。在分组码中,编码后的码元序列每 n 位为一组,其中 k 个是信息码元,r 个是附加的监督码元,$r=n-k$。监督码元仅与本码组的信息码元有关,而与其他码组的信息码元无关。卷积码则相反,虽然编码后序列也划分为码组,但监督码元不但与本组信息码元有关,而且与前面码组的信息码元也有约束关系。

按照信息码元与监督码元之间的检验关系可以分为线性码与非线性码。若信息码元与监督码元之间的检验关系为线性关系,即满足线性叠加原理,则称为线性码,反之,若两者不存在线性关系,则称为非线性码。

按照纠正错误的类型可分为纠正随机错误的码、纠正突发错误的码和既能纠正随机错误又能纠正突发错误的码。

另外,还可以根据纠错码组中信息码元是否隐蔽来分,根据码元取值的进制来分等。

6.3 线性分组码

6.3.1 线性分组码描述

把信息序列按 k 位长度分成信息码组,按照预先设定的一组线性方程,对 k 位信息码进行线性运算,产生 r 位附加码元,即监督码元。k 位信息码元与 r 位监督码元一起构成 n($n=k+r$) 位长的码字。监督码元 r 仅与本码组信息码元有关,而与其他码组的信息码元无关。

k 位信息码组变换成为 n 位长的码字 ($n>k$),由 2^k 个信息码组编成的 2^k 个码字的集合称为线性分组码,常记为 (n, k),有时也记为 (n, k, d),其中 d 为码字集合的最小码距。

线性分组码的一个重要性质是封闭性。封闭性是指一种线性码中的任意两个码组之和仍为这种码中的一个码组。

奇偶监督码是一种最简单的线性码,这种监督关系可以用公式表示。设码组长度为 n,表示为 $(a_{n-1}a_{n-2}, a_2a_1a_0)$,其中前 $n-1$ 为信息,第 n 位为校验位。偶校验时监督码元 a_0 即可由式 (6-3) 产生:

$$a_0 = a_{n-1} \oplus a_{n-2} \oplus \cdots \oplus a_2 \oplus a_1 \tag{6-3}$$

式 (6-3) 称为监督方程式。接收端为了检测传输过程中是否有错误,把接收到的 n 位码元按位模 2 加,记为:

$$S = a_{n-1} \oplus a_{n-2} \oplus \cdots \oplus a_2 \oplus a_1 \oplus a_0 \tag{6-4}$$

其中 S 称为校正子，又称伴随式。若 $S=0$，表示无错误；若 $S=1$，表示有错误。由于只有一位监督位，只能表示有错和无错，不能纠正哪一位错误。

对于 (n,k) 的分组码，其监督码元 $r=n-k$。由 r 个监督方程式可计算出 r 位校正子，可构成 2^r 种组合，其中 r 位校正子全为 0 时，表示接收正确，其余 2^r-1 种组合都表示接收有错，并且包含了 2^r-1 种不同的误码图样信息。对于出现一位错误的情况，误码位置可能出现在 n 位码的任何位置。如果满足 $2^r-1 \geqslant n$，则有可能构造出纠正一位或一位以上错误的线性码。

下面通过一个例子来说明构造线性码的具体过程。设信息码长 $k=4$，为了能纠正一位误码，监督位 r 应满足 $r \geqslant 3$，取 $r=3$，则 $n=k+r=7$。用 a_0、a_1、a_2、a_3、a_4、a_5、a_6 表示 7 个码元，用 $S_1S_2S_3$ 表示由三个监督方程计算得到的校正子，并假设校正子码组与误码位置的对应关系如表 6-1 所示。

表 6-1　　　　　　　　　　校正子与误码位置

$S_1S_2S_3$	误码位置	$S_1S_2S_3$	误码位置
001	a_0	110	a_4
010	a_1	111	a_5
100	a_2	101	a_6
011	a_3	000	无错

由表 6-1 可知，当误码位置在 a_2、a_4、a_5 或 a_6 时，校正子 $S_1=1$，否则 $S_1=0$。因此有

$$S_1 = a_6 \oplus a_5 \oplus a_4 \oplus a_2 \tag{6-5}$$

同理有

$$S_2 = a_5 \oplus a_4 \oplus a_3 \oplus a_1 \tag{6-6}$$

$$S_3 = a_6 \oplus a_5 \oplus a_3 \oplus a_0 \tag{6-7}$$

在发送端编码时，信息位 a_6、a_5、a_4、a_3 的值取决于输入信号，监督位 a_2、a_1、a_0 应根据信息位的取值由监督方程确定，监督方程就是式 (6-5)、式 (6-6)、式 (6-7) 中的校正子 S_1、S_2、S_3 都等于 0 的情况（表示编码后的码组中无错码）。监督方程如式 (6-8) 所示。

$$\begin{cases} a_6 \oplus a_5 \oplus a_4 \oplus a_2 = 0 \\ a_5 \oplus a_4 \oplus a_3 \oplus a_1 = 0 \\ a_6 \oplus a_5 \oplus a_3 \oplus a_0 = 0 \end{cases} \tag{6-8}$$

这组线性方程可用矩阵形式表示为：

$$\begin{pmatrix} 1 & 1 & 1 & 0 & 1 & 0 & 0 \\ 1 & 1 & 0 & 1 & 0 & 1 & 0 \\ 1 & 0 & 1 & 1 & 0 & 0 & 1 \end{pmatrix} (a_6 \quad a_5 \quad a_4 \quad a_3 \quad a_2 \quad a_1 \quad a_0)^T = \begin{pmatrix} 0 \\ 0 \\ 0 \end{pmatrix} \tag{6-9}$$

记作 $HA^T = 0^T$

H 称为监督矩阵，信息码元与监督码元之间的校验关系完全由监督矩阵决定。根据监督方程得到 16 个许用码组，如表 6-2 所示。

表 6-2　　　　　　　　　　　　　　许用码组

信息位 $a_6a_5a_4a_3$	监督位 $a_2a_1a_0$	信息位 $a_6a_5a_4a_3$	监督位 $a_2a_1a_0$
0000	000	1000	111
0001	011	1001	100
0010	101	1010	010
0011	110	1011	001
0100	110	1100	001
0101	101	1101	010
0110	011	1110	100
0111	000	1111	111

接收端收到每个码组后，先按式（6-5）、式（6-6）、式（6-7）计算出 S_1、S_2、S_3，再按表 6-1 判断错码情况。例如：接收码组为 00000111，可算出 $S_1S_2S_3=011$，由表 6-2 可知在 a_3 位上有一误码。

从上述（7，4）线性分组码的例子可以看出，其最小码距 $d_{\min}=3$，能纠正一个误码或检测两个错误。如误码超出纠错能力，反而会因乱纠增加新的误码。

6.3.2　汉明码

汉明码是 1950 年由汉明提出的纠正单个错误的线性分组码。它不仅性能好，而且编译码电路非常简单，易于工程实现。在卫星上行信息编码中得到应用。

在（n，k）汉明码中具有以下特点：

汉明码长 $n=2^m-1$；

信息码长 $k=2^m-m-1$；

监督码长 $r=n-k=m$；

最小码距 $d_{\min}=3$；

纠错能力 $t=1$。

式（6-8）所表示的一个（7，4）线性分组码就是汉明码。在设计汉明码时，不同的误码图样可构造不同的监督方程。根据监督方程可设计编码器。式（6-8）所表示的（7，4）汉明码编码器如图 6-3 所示。

汉明码的译码过程是：首先计算校正子，根据校正子确定错误图样，由错误图样确定误码位置，并加以纠正。图 6-4 给出式（6-8）所表示的（7，4）汉明码译码器的原理图。

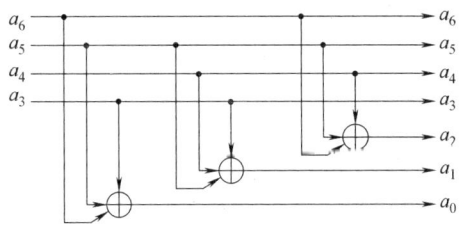

图 6-3　（7，4）汉明码编码器

6.3.3　汉明码的扩展和缩短

对于（2^m-1，2^m-m-1）汉明码，其最小码距为 3，若对它的每个码字（a_{n-1}，a_{n-2}，…，a_1，a_0）再增加一个对所有码元都进行校验的监督位 a_0，即

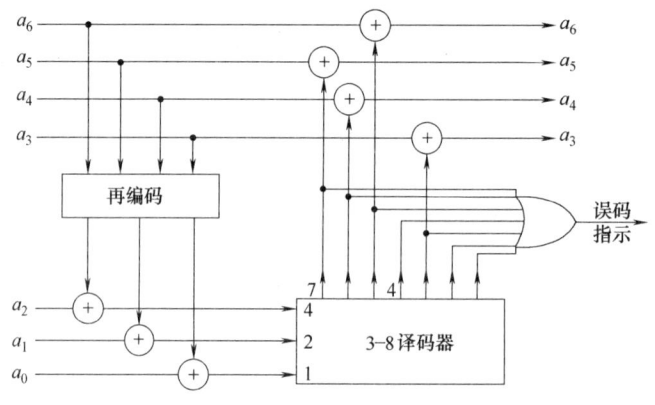

图 6-4 (7,4) 汉明码译码器

$$a_0 = a_{n-1} \oplus a_{n-2} \oplus \cdots \oplus a_1 \oplus a_0 \tag{6-10}$$

式（6-10）为全校验方程。这时汉明码的监督码元从 m 增至 $m+1$ 位，信息位不变，码长从 2^m-1 增至 2^m，称此 $(2^m, 2^m-m-1)$ 汉明码为扩展汉明码。扩展汉明码的最小码距由 3 增加到 4，能纠正 1 位错误同时检测 2 位错误。举例说明：对式（6-8）所示的（7，4）汉明码生成（8，4）扩展汉明码，则监督方程为：

$$\begin{cases} a_6 \oplus a_5 \oplus a_4 \oplus a_3 \oplus a_2 \oplus a_1 \oplus a_0 \oplus a_0 = 0 \\ a_6 \oplus a_5 \oplus a_4 \oplus a_2 = 0 \\ a_5 \oplus a_4 \oplus a_3 \oplus a_1 = 0 \\ a_6 \oplus a_5 \oplus a_3 \oplus a_0 = 0 \end{cases} \tag{6-11}$$

其监督矩阵 H_E 为：

$$H_E = \begin{pmatrix} 1 & 1 & 1 & 1 & 1 & 1 & 1 & 1 \\ 1 & 1 & 1 & 0 & 1 & 0 & 0 & 0 \\ 0 & 1 & 1 & 1 & 0 & 1 & 0 & 0 \\ 1 & 1 & 0 & 1 & 0 & 0 & 1 & 0 \end{pmatrix}$$

对应扩展汉明码，还有缩短汉明码。将原汉明码的码长 n 及信息位 k 同时缩短 s 位，即可得到 $(n-s, k-s)$ 缩短汉明码。以（15，11）汉明码为例，它的监督矩阵为：

$$H = \begin{pmatrix} 1 & 1 & 1 & 1 & 0 & 1 & 0 & 1 & 1 & 0 & 0 & 1 & 0 & 0 & 0 \\ 0 & 1 & 1 & 1 & 1 & 0 & 1 & 0 & 1 & 1 & 0 & 0 & 1 & 0 & 0 \\ 0 & 0 & 1 & 1 & 1 & 1 & 0 & 1 & 0 & 1 & 1 & 0 & 0 & 1 & 0 \\ 1 & 1 & 1 & 0 & 1 & 0 & 1 & 1 & 0 & 0 & 1 & 0 & 0 & 0 & 1 \end{pmatrix}$$

将监督矩阵中前 3 列删除，表示前 3 位码对校验关系不发生影响，可得到（12，8）的缩短汉明码的监督矩阵为：

$$H_S = \begin{pmatrix} 1 & 0 & 1 & 0 & 1 & 1 & 0 & 0 & 1 & 0 & 0 & 0 \\ 1 & 1 & 0 & 1 & 0 & 1 & 1 & 0 & 0 & 1 & 0 & 0 \\ 1 & 1 & 1 & 0 & 1 & 0 & 1 & 1 & 0 & 0 & 1 & 0 \\ 0 & 1 & 0 & 1 & 1 & 0 & 0 & 1 & 0 & 0 & 0 & 1 \end{pmatrix}$$

纠正单个错误的汉明码中，r 位校正子码组与错误图样一一对应，最充分地利用了监督位所能提供的信息，这种码称为完备码。扩展和缩短汉明码不是完备码，在编码理论中它们属于准完备码，仍可用汉明码编译码方法进行编译码。

卫星上下行信息有一定的数据格式，为了能使用汉明码，又能满足信息格式要求，经常采用扩展或缩短汉明码进行纠错编码，其编译码方法简单，容易采用硬件或软件技术实现。

6.4 BCH 码与 RS 码

1959 年由 Hocquenghem，1960 年由 Bose 和 Ray-Chaudhuri 分别提出了纠正多个错误的循环码的构造方法。随后人们用这三个研究和发明人名的第一个字母对此纠错方法命名为 BCH 码。BCH 码是循环码中的一个重要子类，是迄今为止所发现的一类较好的线性纠错码类；也是迄今为止研究得最为详尽，分析得最为透彻，取得成果最多的码类之一。1960 年，Peterson 给出了第一个二进制 BCH 码的译码算法，从而奠定了 BCH 码译码的理论基础。1961 年，格林斯坦（Gorensten）和齐勒尔（Zierler）把它推广到多进制 BCH 码的译码。1968 年 Berlekamp 利用迭代算法求错误位置多项式，节省了计算量，大大加快了译码速率，从实际上解决了 BCH 码的译码问题。1969 年，Massey 从线性反馈移位寄存器综合的角度出发，也得到了相同的结论。此后，又出现了新的译码算法，如欧几里得（Euclid）、连分式等算法，并给出了许多改进算法。1978 年勃莱哈特（Blahut）用数字信号处理技术中常用的频谱方法，基于码的 MS 多项式，提出了频域算法。

6.4.1 BCH 码的构造

BCH 码有严格的代数结构，它的生成多项式与最小码距之间有密切的关系，使用者可根据所要求的纠错能力 t，很容易构造 BCH 码。

BCH 码可分为两类，即本原 BCH 码和非本原 BCH 码。它们的主要区别在于本原 BCH 码的多项式 $g(x)$ 中，含有最高次数为 m 的本原多项式，且码长为 $n=2^m-1$；而非本原 BCH 码的多项式 $g(x)$ 中不含有这种本原多项式，且码长 n 是 2^m-1 的一个因子，即码长 n 一定除得尽 2^m-1。

BCH 码的码长 n 与监督位 r、纠错个数 t 之间的关系是：对于任一正整数 m 和 $t(t<m/2)$，必存在一个码长 $n=(2^m-1)$，监督位 $n-k \leqslant mt$，能纠正所有不大于 t 个随机错误的 BCH 码。若码长 $n=(2^m-1)/i(i>1$，且除得尽 2^m-1)，则为非本原 BCH 码。

对于纠正单个错误的本原 BCH 码，就是循环汉明码。例如，(7,4) 汉明码就是以 $g_1(D)=D^3+D+1$ 或 $g_2(D)=D^3+D^2+1$ 生成的 BCH 码。

BCH 码的构成过程是根据 BCH 码的阶数 m 和纠错个数 t，对 $D^{2^m}+1$ 进行因式分解。因式分解通常采用计算机来完成。循环码的生成多项式为：

$$g(D)=LCM[m_1(D),m_3(D),\cdots,m_{2t-1}(D)]$$

其中 $m_i(D)$ 为最小多项式，LCM 表示取最小公倍式。由此构成的循环码为 BCH 码。为了便于应用，表 6-3 列出部分码长 $n=63$ 的本原 BCH 码，表 6-4 列出码长不超过 73 的部分非本原 BCH 码。

表 6-3　　　　　　　　　　　　　　　　$n=63$ 的本原 BCH 码

n	k	t	g(D)	n	k	t	g(D)(8 进制)
7	4	1	13	63	51	2	12471
15	11	1	23	63	45	3	1701317
15	7	2	721	63	39	4	166623567
15	5	3	2467	63	36	5	1033500423
31	26	1	45	63	30	6	157464165547
31	21	2	3551	63	24	7	17323260404441
31	16	3	107657	63	18	10	1363026512351725
31	11	5	5423325	63	16	11	6331141367235453
31	6	7	313365047	63	10	13	472622305527250155
63	57	1	103	63	7	15	5231045543503271737

表 6-4　　　　　　　　　　　　　　　　部分非本原 BCH 码

n	k	t	m	g(D)(8 进制)
17	9	2	8	727
21	12	2	6	1663
23	12	3	11	5343
33	22	2	10	5145
33	12	4	10	3777
41	21	4	10	6647133
47	24	5	20	43073357
65	53	2	23	10761
65	40	4	12	354300067
73	46	4	12	1717773537

表中多项式的系数用 8 进制数字标出。如 $n=15$，$m=4$，$t=1$ 时，23 表示 $(23)_8=(10011)_2$，相应的多项式为 $g(D)=D^4+D+1$。在工程应用中，根据 BCH 码的阶数 m 和纠错个数 t，直接查表确定 BCH 码的生成多项式 $g(D)$。例如构造一个能纠正 3 个错误，码长为 15 的 BCH 码，由表 6-4 可知

$$g(D)=(2467)_8=(10100110111)_2=D^{10}+D^8+D^5+D^4+D^2+D+1$$

这是一个 (15，5) BCH 码。

表 6-4 中的 (23，12) 码是一个特殊的非本原 BCH 码，称为戈雷(Golay)码。该码码距为 7，能纠正 3 个随机错误，是一个可纠正多个错误的完备码，其校正子与误码不超过 t 位的所有错误图样一一对应。监督码元得到最充分的利用。

BCH 码的码长为奇数，在实际使用中，为了得到偶数码长，并增加其检错性能，可以在 BCH 码生成多项式中乘上一个 $(D+1)$ 因式，从而得到 $(n+1,k)$ 扩展 BCH 码，其码长为偶数。扩展的 BCH 码已不再具有循环性。例如 (23，12) 戈雷码的扩展码为 (24，12) 扩展戈雷码，能纠正 3 个错误，同时发现 4 个错误。

6.4.2　BCH 码的译码

译码问题是纠错技术中最为重要、最实质的内容。译码器的运算速度、译码错误概率

的大小和译码器的复杂性及其成本是决定译码器的实现和实用的关键。在纠错码中，如何用最少的元件实现最高的译码速率是译码器实现的难点。

常用的 BCH 译码算法 Peterson 算法、Berlekamp 迭代算法、BM 迭代算法、Euclid 算法、改进的 Euclid 算法等。

按 Peterson 的算法求错位位置多项式 $\sigma(x)$，其计算量与系数矩阵阶数的三次方成正比。这样，当码长较长、纠错能力 t 较大时，计算量将是非常大的，特别是用硬件实现时该算法所需的乘法器相当多。不计算各乘法器的延时，仅译码器中乘法器的体积及其占用的资源就无法容忍。另外，Peterson 算法还有一个很大的缺点，就是当实际产生的错误个数 γ 小于 (10, 6) RS 码的纠错能力 t 时，求 $\sigma(x)$ 的计算量不但未减少，反而增加。且 γ 越小，计算量越大。这与实际工程是不相适的。所以，对于速度高、纠错数 t 较大的译码器，此算法不合适。Peterson 算法对纠错能力 t 较小的码是合适的。

Berlekamp 迭代算法从工程上解决了译码问题。它与 Berlekamp-Massey（又称 BM 综合算法）迭代算法本质上是一致的，它们的迭代公式也基本相同。两者都可以用软件或硬件实现。BM 算法是用最短线性反馈移位寄存器综合实现迭代算法。它的迭代过程中与 Berlekamp 迭代算法一样，只有一次求逆运算。Berlekamp 迭代算法和 BM 迭代算法的控制逻辑都比较简单。用硬件实现这两种迭代算法的复杂程度相当。

与迭代译码算法一样，Euclid 算法和改进的 Euclid 算法都是最大似然译码算法。Euclid 算法流程图相对来说不复杂，便于软件实现，且可以同时得到错误位置多项式 $\sigma(x)$ 和错误值多项式 $\omega(x)$。但该算法求逆多，且需记录大量的中间结果，所以译码速度较迭代译码速度慢。改进的 Euclid 算法由于采用最大公因数（GCD）保值变换方法求两个多项式的 GCD，从而避免了 Euclid 算法的中大量的求逆运算，这不仅使译码设备得以简化，而且使译码速度大大提高。

BCH 码译码算法一般可以分成以下几步：

1）伴随多项式 $S(x)$。

2）用 Berlekamp 迭代算法或 BM 迭代算法或 Eculid 算法求错误位置多项式 $\sigma(x)$ 和 $\omega(x)$。本章详细介绍 Berlekamp 迭代算法，其他算法参照参考文献。

3）用钱搜索方法求出 $\sigma(x)$ 的根，得出错误位置数。

4）求出错误值 Y_i，进而求出错误图样 $E(x)$。对于二进制 BCH 码，这一步可以省略，其错误值是原码元的取反。

5）$C(x)=R(x)-E(x)$ 得到译码输出。

6.4.3 RS 码

RS 码是 BCH 码的一种，是多进制的 BCH 码。

RS 码是实际应用中很重要的一类线性分组码，具有超群的纠随机错误和突发错误的能力。由于大规模和超大规模集成电路（VLSI）技术、通信技术和计算机技术的发展，使差错控制码的编/译码器的单片芯片实现成为可能，并且速率越来越高，使其实际应用越来越广泛。近年来，这种码在空间、扩频、数据通信系统、计算机及光盘系统中得到了广泛的应用。级连 RS/卷积码的编码系统被欧洲空间局（European Space Agency）和喷气推进实验室（Jet Propulsion Laboratory）在深空下行链路中采用。1987 年以（2，1，6）

卷积码为内码、(255,223) RS 码作为外码的串行级连码（SCC）被空间数据系统咨询委员会（CCSDS）推荐为遥测信道的标准编码结构。RS 码也是光存储中的标准用码。因此，RS 码的编译码算法一直是国际通信技术所关注的问题。

1960 年，RS 码由 Reed 和 Solomon 发现时，并没有受到人们的重视，原因是还没有一种合适的算法可对 RS 码进行译码。自 1968 年 Berlekamp 代数迭代算法发表后，解决了译码过程中的错误位置多项式的求解问题。从此，人们对 RS 码的研究活跃了起来。

在 Berlekamp 代数迭代算法发表的同时，Massey 从线性反馈移位寄存器综合的观点出发得到相同的结论（称为 BM 算法）。Berlekamp 迭代算法和 BM 算法是一种通用的计算 BCH 码错误位置多项式的迭代算法，该算法对任何域、任何码长的 BCH 码均适用。应用 Berlekamp 迭代算法和 BM 迭代算法的 RS 码译码过程包括计算伴随多项式 $S(x)$、用迭代算法计算错误位置多项式 $\sigma(x)$、计算错误位置和错误值、计算估计码字 $C(x)$ 四部分。

Berlekamp 和 BM 迭代算法不但可以在时域实现，而且可以在频域实现。时域和频域实现的共同点是错位位置多项式的实现相同，不同的是在错误位置多项式的使用上。在时域实现方式中，用迭代算法求得错误位置多项式后，用 Chien 搜索算法获得错误位置，也即是错误位置多项式的根，然后用 Foney 算法等计算错误值；在频域实现方式中，获得错误位置多项式后，用递推扩展算法计算剩余变换差错值，最后用逆傅氏变换（IDFT）计算错误值。由于频域译码可以利用有限域中的快速傅氏变换（FFT），速度可以大大地提高。

在迭代算法中，其中需要计算有限域元素的逆，求逆的方法可以采用查表的方式、纯组合逻辑等方式来实现，但是对于域元素较多的有限域，如 GF(2^8)，用这些方式需要占用很大的资源，同时也影响运算速率。一些作者在这方面进行了研究，I. S. Reed 提出了一个改进的时域 BM 迭代算法，该算法不需要求逆运算。Y. R. Shayan 从 Blahut 提出的时域 BM 迭代方程出发，通过数学推导得到一组等价的方程，与 Blahut 的迭代方程相比减少一个求逆运算，从而降低硬件实现的复杂性。

Euclid 算法是 RS 码译码算法中另一种重要的用来计算错误位置多项式的算法，是目前 RS 译码器的 VLSI 实现中常采用的算法之一，该算法的实质是利用求解多项式的最大公因数来获得错误位置多项式及错误值。但是 Euclid 译码算法求逆运算多，需要记录的中间结果也多，因此，其译码速度较 Berlekamp 和 BM 迭代算法速度慢。后来提出了 Euclid 改进算法，该改进算法避免了大量的求逆运算（仅有一次求逆），使其译码速度比常规的 Euclid 算法高。不少文献介绍了用改进的 Euclid 算法实现的译码器。

除了上面列举的一些 RS 译码算法外，还有很多其他的译码算法。例如，A. Vardy 提出用二元 BCH 码来译多进制的 RS 码，它设 RS(N,K) 在域 GF(2^m) 上，二元码的设计距离 $d \geq N-K+1$，该作者认为可以把 RS(N,K) 码看成由二元码 B(n,k) 码交错而得到。B(n,k) 码的生成矩阵由 RS(N,K) 的生成矩阵变换为二元矩阵获得，然后用二元译码方法的软判决译码对 B(n,k) 码进行译码，最后通过映射得到 RS(N,K) 码的译码结果。目前这种译码方法仅适用于短码。它的重要意义是实现 RS 码的软判决译码。还有，对于一些特殊情况的 RS 码会有些简化的译码算法。例如，对于纠两个符号错误的 RS 码，有一种以解有限域二次方程为基础的简化算法。它与常规的译码算法相比,该方法提高了译码速度并简化了译码器的结构。上述概括了一些 RS 码译码算法,但采用较多的还是适用于各种 RS 码的译码算法,例如,迭代算法和改进的 Euclid 算法。介绍这几种算法的文献也较多。

6.5 交织码

6.5.1 交织编码的概念

移动通信的特点是发射的信号常常是连续的一段被干扰,但是卷积编码或 CRC 的纠错能力也只限定在纠正不连续的误码,如果出现了连续误码,则无法解决。

为了解决这一问题,出现了交织编码技术,即一条消息中的比特以非连续的方式被传送,使突发差错信道变为离散信道。

交织编码是在实际移动通信环境下改善移动通信信号衰落的一种通信技术。将造成数字信号传输的突发性差错,利用交织编码技术可离散并纠正这种突发性差错,改善移动通信的传输特性。交织编码的目的是把一个较长的突发差错离散成随机差错,再用纠正随机差错的编码(FEC)技术消除随机差错。交织深度越大,则离散度越大,抗突发差错能力也就越强。

但交织深度越大,交织编码处理时间越长,从而造成数据传输时延增大,也就是说,交织编码是以时间为代价的。因此,交织编码属于时间隐分集。在实际移动通信环境下的衰落将造成数字信号传输的突发性差错。利用交织编码技术可离散并纠正这种突发性差错,改善移动通信的传输特性。

6.5.2 交织编码的工作原理

交织编码的目的:把一个较长的突发性差错离散成随机差错。
交织编码的分类:块交织,帧交织,随机交织,混合交织等。
块交织特点:交织按列写入,逐行读出;反交织按行写入,按列读出。
交织原理方框图如图 6-5 所示。

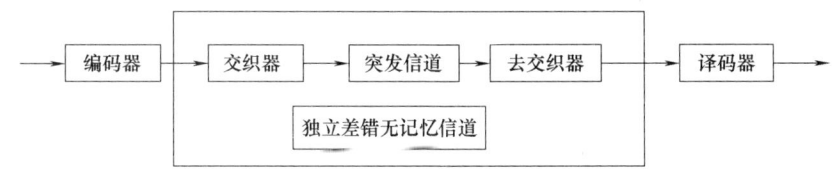

图 6-5 交织编码原理框图

下面,我们以一个最简单的例子入手来讨论交织器与去交织器的设计,以及如何通过交织与去交织变换,将一个突发错误的有记忆信道改造为独立差错的无记忆信道。

假若,发送一组信息 $X=(x_1 x_2 \cdots x_{24} x_{25})$,首先将 X 送入交织器,同时将交织器设计成按列写入按行取出的 5×5 的列存储器,然后从存储器中按行输出送入突发差错的有记忆信道,信道输出送入反交织器,完成交织的相反变换,即按行写入按列取出,它仍是一个 5×5 阵列存储器。去交织器的输出,即阵列存储器中按列输出的信息,其差错规律就变成独立差错。

原始信息：
$$X=(x_1 x_2 x_3 x_4 x_5 x_6 x_7 x_8 x_9 x_{10} x_{11} x_{12} x_{13} x_{14} x_{15} x_{16} x_{17} x_{18} x_{19} x_{20} x_{21} x_{22} x_{23} x_{24} x_{25})$$

交织矩阵：$\begin{bmatrix} x_1 & x_6 & x_{11} & x_{16} & x_{21} \\ x_2 & x_7 & x_{12} & x_{17} & x_{22} \\ x_3 & x_8 & x_{13} & x_{18} & x_{23} \\ x_4 & x_9 & x_{14} & x_{19} & x_{24} \\ x_5 & x_{10} & x_{15} & x_{20} & x_{25} \end{bmatrix}$，按列写入按行读出：

$$X'=(x_1 x_6 x_{11} x_{16} x_{21} x_2 x_7 x_{12} x_{17} x_{22} x_3 x_8 x_{13} x_{18} x_{23} x_4 x_9 x_{14} x_{19} x_{24} x_5 x_{10} x_{15} x_{20} x_{25})$$

假设在信道传输中 $x_{11} x_{16} x_{21} x_2$ 出差错变成了 $X_{11} X_{16} X_{21} X_2$，$x_{14} x_{19} x_{24}$ 变成了 $X_{14} X_{19} X_{24}$。因而，接收到的信息为：

$$X''=(x_1 x_6 X_{11} X_{16} X_{21} X_2 x_7 x_{12} x_{17} x_{22} x_3 x_8 x_{13} x_{18} x_{23} x_4 x_9 X_{14} X_{19} X_{24} x_5 x_{10} x_{15} x_{20} x_{25})$$

去交织矩阵：$\begin{bmatrix} x_1 & X_2 & x_3 & x_4 & x_5 \\ x_6 & x_7 & x_8 & x_9 & x_{10} \\ X_{11} & x_{12} & x_{13} & X_{14} & x_{15} \\ X_{16} & x_{17} & x_{18} & X_{19} & x_{20} \\ X_{21} & x_{22} & x_{23} & X_{24} & x_{25} \end{bmatrix}$

$$X'''=(x_1 X_2 x_3 x_4 x_5 x_6 x_7 x_8 x_9 x_{10} X_{11} x_{12} x_{13} X_{14} x_{15} X_{16} x_{17} x_{18} X_{19} x_{20} X_{21} x_{22} x_{23} X_{24} x_{25})$$

因而可见，连续的编码错误，被离散化了，再用一般的纠错码就可以解决这种错误了。

6.5.3 交织码的性能

交织码是一种非常简单而又有效的构造码的方法，可以大大地提高纠随机错误码的纠突发错误能力，可使抗较短突发错误的码变成抗较长突发错误的码，使纠正单个定段突发错误的码变成纠多个定段突发错误的码。

这种方法所付出的代价是增加存储设备和加大通信时延。从某种意义上讲，该种方法实际上是一种信道改造技术，通过信号设计，将一个原来属于突发差错的有记忆信道改造为基本上是独立差错的随机无记忆信道。

交织码技术不仅有效地由纠正单个突发的短码产生纠正多个突发的长码，而且能有效地由短码产生纠正突发和随机错误的长码。归纳起来，交织码具有如下性能。

1) 交织码使错误分散。长为 i 的任何突发无论从何处开始，都至多只能影响每一行中的一位，并对它有独特的作用。

2) 当且仅当每行中的错误图样是原 (n, k) 码中可纠正的图样时，此错误图样对整个阵列来说才是可能纠正的。

3) 若原码能纠正 $\leq L$ 的任何单个突发，则交织码能纠正 $\leq iL$ 的任何单个突发，码长扩大 i 倍。

如果 (n, k) 有最大可能的纠正突发错误能力，即 $n-k-2L=0$，则交织码 (ni, ki) 也具有最大可能的纠正突发错误能力。交织具有最大纠正突发错误能力的短码，能够构成实际上任意长的、具有最大可能纠突发错误能力的长码的能力。

4）若原码是循环的，其生成多项式为 $g(x)$，则交织码也是循环的，且生成多项式为 $g(x^i)$，交织码承接原码循环。

5）交织码技术把寻求长而有效的纠突发错误码这个问题简化为寻求好的断码。

6）交织码需要增加存储设备，加大通信时延。

目前，交织码已广泛用于数字式蜂窝移动通信中，其中最为典型的是时分多址的全球通 GSM 体制与码分多址的 IS-95 标准 QCDMA。在 QCDMA 中，交织编码比较简单，它采用最简单的分组排列式存储式，而在 GSM 中既采用了类似于随机交织的随机性重新排列技术，又采用了不同类型时隙突发的数据块交织技术。

6.6 卷积码

6.6.1 卷积码基本概念

卷积码是 1955 年由 Elias 提出的，与分组码不同。分组码是把 k 个信息码元的序列编成 n 个码元的码组，每个码组的 $(n-k)$ 个校验位仅与本码组的 k 个信息位有关，而与其他码组无关。为了达到一定的纠错能力和编码效率（$R_c = k/n$），分组码的码组长度通常都比较大。编译码时必须把整个信息码组存储起来，由此产生的延时随着 n 的增加而线性增加。

在卷积码编码中，本组的 $n-k$ 个校验元不仅与本组的 k 个信息码元有关，而且还与以前各时刻输入到编码器的 $(N-1)$ 个信息组有关。同样，在卷积码的译码过程中，不仅从此时刻收到的码组中提取译码信息，而且还要利用以前收到的 $(N-1)$ 段码组中提取有关信息。通常把 N 称为约束长度[注意：约束长度的定义并无统一标准，在有的书和文献中把 nN 或 $(N-1)$ 称为约束长度]。常把卷积码记作 (n, k, N)，它的编码效率为 $R_c = k/n$。卷积码中每组的信息位 k 和码长 n 通常比分组码的 k 和 n 要小。

在卷积码的编码过程中，充分利用了各组之间的相关性，且 n 和 k 也较小，因此，在与分组码同样的码率 R 和设备复杂性条件下，无论从理论上还是实际上均已证明卷积码的性能比分组码要好，且实现最佳和准最佳译码也比分组码容易。另外，由于卷积码各组之间相互关联，至今尚未找到像分组码一样通过严密的数学手段，把纠错性能与码的构成十分有规律地联系起来，目前大都采用计算机来搜索号码。

6.6.2 卷积码的描述

描述卷积码的方法有两类：图解表示和解析表示。解析方法比较抽象，因此，我们采用图解的方法直观描述其编码过程。常用的图解法有 3 种：树状图、状态图和网格图。下面通过一个例子来说明卷积码的编码和译码原理。

图 6-6 是卷积码（2，1，3）的编码器。它由移位寄存器、模二加法器及开关电路组成。每输入一个信息比特经编码产生两个输出比特。

起始状态，各级移位寄存器清零，即 $S_1S_2S_3$ 为 000。S_1 等于当前输入数据，而移位寄存器状态 S_2S_3 存储以前的数据，输出码字 C 由下式确定：

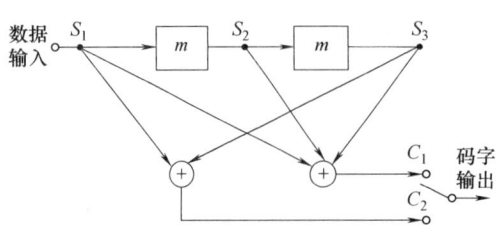

$$\begin{cases} C_1 = S_1 \oplus S_2 \oplus S_3 \\ C_2 = S_1 \oplus S_3 \end{cases}$$

当输入数据 $D=[1\ 1\ 0\ 1\ 0]$ 时，输出码字可以计算出来，具体计算过程如表6-5所示。另外，为了保证全部数据通过寄存器，还必须在数据位后加3个0。

图 6-6 卷积码（2，1，3）编码器

从上述计算可知，卷积码（n，k，N）中，每一位数据影响 N 个输出子码。每个子码有 n 个码元，在卷积码中有约束关系的最大码元长度为 nN。

表 6-5　　　　　　　　　　（2，1，3）编码器工作过程

S_1	1	1	0	1	0	0	0	0
S_2S_3	00	01	11	10	01	10	00	00
C_1C_2	11	01	01	00	10	11	00	00
状态	a	b	d	c	b	c	a	a

（1）树状图

树状图描述的是在任何数据序列输入时，码字所有可能的输出。对应于图 6-7 卷积码（2，1，3）编码器，可以画出其树状图，如图6-8所示。

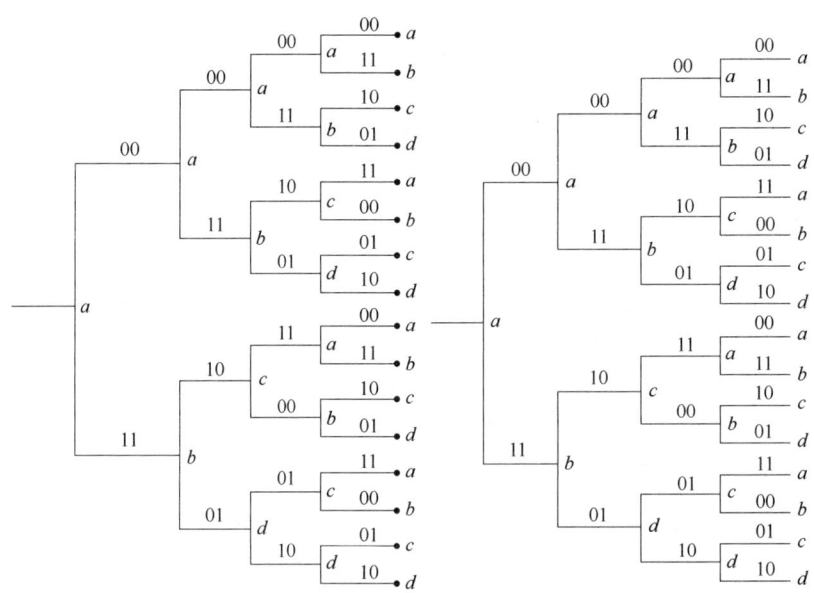

图 6-7　（2，1，3）卷积码的树状图

树状图中，每条树权上所标注的码元为输出比特，每个节点上标注的 a、b、c、d 为移位寄存器状态，$a=00$，$b=01$，$c=10$，$d=11$。以 $S_1S_2S_3=000$ 作为起点，若第一位数据 $S_1=0$，输出 $C_1C_2=00$，从起点通过上支路到达状态 a，即 $S_3S_2=00$；若 $S_1=1$，输出 $C_1C_2=11$，从起点通过下支路到达状态 b，即 $S_3S_2=01$；以此类推，可得到整个树状图。输入不同的信息序列，编码器就走不同的路径，输出不同的码序列。例如当输入数

据为［1 1 0 1 0］时，沿着树状图依次经过状态 $a→b→d→c→b$，得到的输出码序列为［1 1 0 1 0 1 0 0］，与表 6-5 的结果一致。显然，对于第 j 个输入信息比特，有 2^j 条支路，但在 $j=N=3$ 时，树状图的节点自上而下开始重复出现 4 种状态。

图 6-8 为（2，1，3）卷积码编码器的状态图。在图中有 4 个节点 a、b、c、d，同样分别表示 S_3S_2 的 4 种可能状态。每个节点有两条线离开该节点，实线表示输入数据为 0，虚线表示输入数据为 1，线旁的数字即为输出码字。图中两个闭合圆环分别表示 $a—a$ 和 $d—d$ 状态转移。

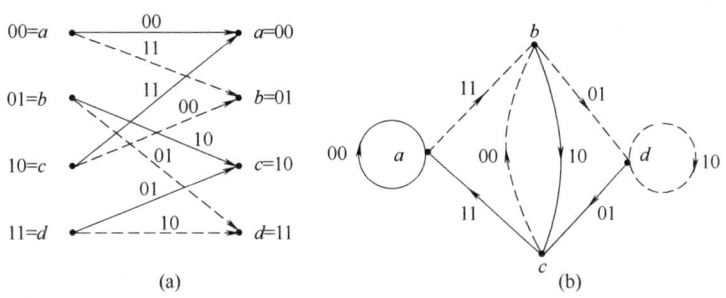

图 6-8 （2，1，3）卷积码状态图

（2）网格图

网格图由状态图在时间上展开而得到，如图 6-9 所示。图中画出了所有可能数据输入时，状态转移的全部可能轨迹，实线表示输入比特为 0，虚线表示输入比特为 1，线旁数字为输出码字，节点表示状态，自上而下 4 个节点分别表示 a、b、c、d 四种状态。一般情况下应有 2^{N-1} 种状态，从第 N 节（从左向右计数）开始，网格图图形开始重复并完全相同。

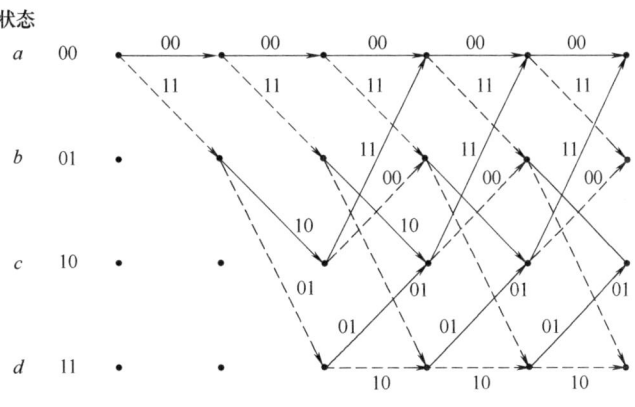

图 6-9 （2，1，3）卷积码网格图

上述 3 种卷积码的描述方法，不但有助于求解输出码字，了解编码工作过程，而且对研究解码方法也很有用。

6.6.3 卷积码的译码

卷积码有三种比较好的译码方法。

1) 1963 年由梅西（Massey）提出的门限译码，这是一种利用码代数结构的代数译码。

2) 1961 年由 Wozencraft 提出，1963 年由 Fano 改进的序列译码，这是基于码树图结构上的一种准最佳的概率译码。

3) 1967 年由维特比（Viterbi）提出的 Viterbi 算法，这是基于码的网格图基础上的一种最大似然译码算法，是一种最佳的概率译码方法。

下面简要讨论维特比译码方法。维特比译码的基本思路是，把接收码字与所有可能的码字比较，选择一种码距最小的码字作为解码输出。由于接收序列通常很长，维特比译码对最大似然译码做了简化，即它把接收码字分段处理，每接收一段码字，计算、比较一次，保留码距最小的路径，直至译完整个序列。

现以 (2, 1, 3) 卷积码为例说明维特比译码的具体过程。设发端的信息数据 $D=[0\ 0\ 0\ 0\ 0\ 0\ 0]$，有编码器输出的码字 $C=[0\ 0\ 0\ 0\ 0\ 0\ 0\ 0\ 0\ 0\ 0\ 0]$，接收端收到的码字序列 $y=[0\ 0\ 1\ 0\ 0\ 1\ 0\ 0\ 0\ 0\ 0\ 0]$，有 2 位码元差错。下面参照图 6-10 的网格图说明译码过程。

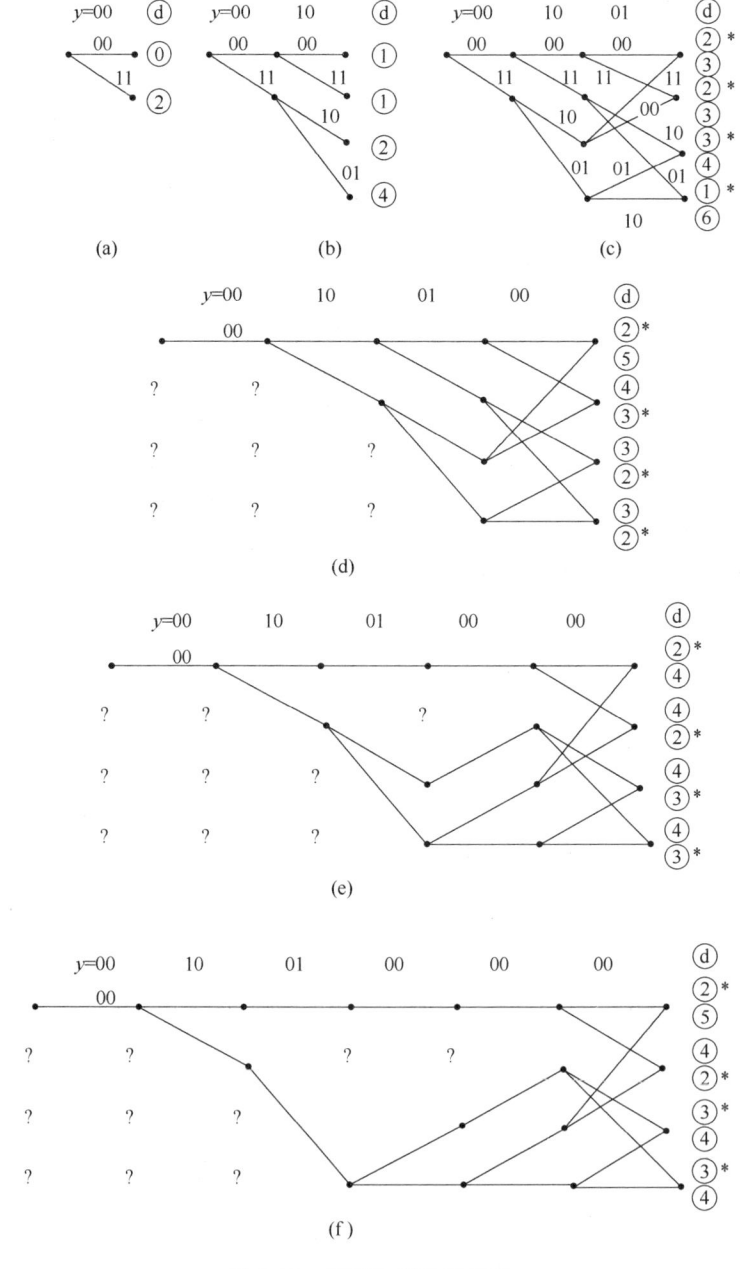

图 6-10 维特比译码网格图

图中 y 表示收到的码字,圆圈中的数字代表从起始点到某节点的路径与接收码字之间的累计码距,即路径量度。图 6-10(a)~(f)分别画出了每输入 1 比特信息时网格图中路径的变化。图 6-10(a)表示从起始点开始,可能出现的两条路径的输出比特与接收相应码字[00]之间的码距分别为 0 和 2。在图 6-10(c)中第 3 级网格共出现 8 条支路,这时对进入每个节点的 2 条路径的量度进行比较,将量度小的一条路径保留下来,而丢弃量度大的路径,因而幸存路径只有 4 条。进入第 4 级网格时这 4 条幸存路径又延伸 8 条,经计算路径量度,并比较后,又丢弃其中的 4 条。遇到量度相同的情况,可任意丢弃一条路径。如此继续下去。直至最后得到到达终点的一条幸存路径,即为解码路径。

根据上述译码过程,可画出维特比译码器的原理方框图,如图 6-11 所示。

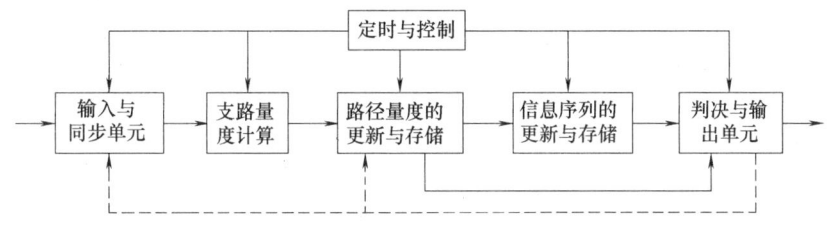

图 6-11 维特比译码器的原理框图

维特比译码器的硬件量随着约束长度 N 增大而迅速增加。以编码效率 $R=1/2$、约束长度 $N=7$ 的 8 电平软判决维特比译码器为例,需要 4 万~5 万门电路才能实现。近年来,随着超大规模集成电路和 FPGA 技术的发展,已经制造出单片维特比译码器,并开始广泛应用于卫星通信中。

由于卷积码的优异性能,在很多方面得到了应用。主要应用于加性高斯白噪声信道,特别是在卫星通信和空间通信中,主要适合 PSK 或 QPSK 调制结合起来使用。由于使用差错控制编码后,可获得编码增益,这就意味着编码后系统为达到相同的误比特率,可以节省发射功率。与此同时,使用了差错控制编码后,使信息传输率下降,这可通过增加传输频带,提高信息速率来解决。在卫星通信中传输频带往往不是主要矛盾,而降低发射功率才是最重要的。

在 20 世纪 70 年代末,美国宇航局已经把卷积码(2,1,7)码及(3,1,7)码确定为人造卫星标准码,用于太阳系行星的深空探测器中。20 世纪 80 年代中,卷积码(2,1,7)码及(4,3,2)码已被国际通信卫星组织(INTELSAT)制定为业务标准。此外,近年来小型卫星通信地球站(VSAT)中普遍采用(2,1,6)码或(2,1,7)码。

思考与练习

一、思考题

1. 什么是差错控制编码?其目的是什么?
2. 差错控制有哪几种方式?
3. 差错控制编码的基本思想是什么?

4. 差错控制编码可分为哪几类？

5. 在线性分组码中，差错控制能力与码距有什么关系？

二、填空题

1. 差错控制的方式有（　　）。
2. 码距的定义为（　　）。
3. 编码效率的定义为（　　）。
4. 线性码中监督码元与信息码元之间的关系是（　　）。
5. 列出 3 种简单检错码（　　），（　　），（　　）。
6. 奇校验码的编码规则是使码组中"1"的数目为（　　）。
7. 偶校验码的编码规则是使码组中"1"的数目为（　　）。
8. 在线性分组中，如果最小码距为 4，码组的差错控制能力可分为（　　）种情况。
9. CRC-16 的生成多项式是（　　）。

三、判断题

1. 奇校验码可检测出奇数个错码。（　　）
2. 偶校验码可检测出偶数个错码。（　　）
3. 奇偶校验码可检测出奇数个错码。（　　）
4. 奇偶校验码可检测出偶数个错码。（　　）
5. 方阵码可检测出奇数个错码。（　　）
6. 方阵码可检测出偶数个错码。（　　）
7. 方阵码可检测出奇数个错码和大多数偶数个错码。（　　）
8. 方阵码有一维校验位。（　　）
9. 方阵码有二维校验位。（　　）
10. 在线性分组码中，如果最小码距为 3，码组的差错控制能力可分为以下 3 种情况：
    (1) 可纠正 1 个错码；
    (2) 可检测 2 个错码；
    (3) 可纠正 1 个错码同时检测 1 个错码。（　　）

四、计算题

1. 用奇偶校验码进行检错编码，设每组信息码元有 7 位，附加一位偶校验位。若输入序列为 110100100011100100001 时，试写出编码后的序列。并说明它可检出哪几类差错？不能检出哪几类差错？

2. 用方阵码进行检错编码。设每行有 8 位码，其中信息码元占 7 位，用奇数校验；设每列有 6 位，其中信息码元占 5 位，用奇数校验。试问它能检出哪几类差错？不能检出哪几类差错？

7 模拟调制系统

7.1 调制的功能及分类

7.1.1 调制的功能

(1) 使信号与信道匹配，适合信道传输

通过调制或频谱搬移，可将低通型的基带信号（调制信号）变换成适合在信道中传输的带通型已调信号，使信号和信道匹配，实现通信的目的。

调制的实质就是实现频谱的搬移，即将基带信号的频谱搬移到所需的频段上。对无线通信来说，通过频率变换，可达到有效辐射。例如采用无线传送方式的语音通信，为了充分发挥天线的辐射能力，一般要求天线的尺寸和发送信号的波长相匹配，即天线的长度应为所发射语音信号频率的波长 1/4 以上。如把有效带宽的语音信号直接通过天线进行发射，则天线的长度应为：$L = \frac{\lambda}{4} = \frac{C}{4f} = \frac{3 \times 10^8}{4 \times 3.4 \times 10^3} \approx 25$（km）。很显然，长为 25km 的天线是根本无法实现的。如果把语音信号进行频谱搬移，例如把其频率搬移到 1000kHz 频率上，按上式计算可知天线的长度为 $L = 75$m，显然这样的天线是可以实现的，而且容易实现天线的有效辐射。

(2) 实现多路复用，提高信道利用率

为了合理利用传输信道，提高通信效率，常采用复用技术。例如将多路信号按调制技术搬移到不同的载频上去，并在频率范围内依次排列、互不重叠，然后在信道中同时传输，能这种在频率范围内实现的复用称为频分复用（FDM）。又如将多路信号通过不同的时间采样，然后依次互不干扰地在同一信道中传输，这种在时间范围内实现的复用称为时分复用（TDM）。调制技术可以十分有效地实现复用，采用单边带调制可以实现频分复用，而采用脉冲编码调制就可以实现时分复用。

(3) 改善抗噪声性能，提高系统抗干扰能力

抗干扰性也即可靠性，而可靠性和有效性是互相制约的。通信中噪声和干扰是随时随地存在的，在干扰比较严重的情况下，往往通过牺牲有效性来提高抗干扰性能，从而实现正常的通信质量。这种技术可以通过不同的调制和解调方式来实现，如采用 FM 调制方式取代 AM 调制方式，可提高系统的抗噪声性能。

7.1.2 调制的分类

调制器是一个三端口的非线性网络，其数学模型如图 7-1 所示。图中 $m(t)$ 表示调制

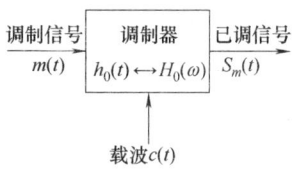

图 7-1 调制系统的原理模型

信号，$c(t)$ 是载波，$S_m(t)$ 为已调信号，$h_0(t)$、$H_0(w)$ 分别是调制器的冲激响应、传递函数，$h_0(t) \leftrightarrow H_0(w)$。根据 $m(t)$、$c(t)$ 及 $h_0(t)$、$H_0(w)$ 的不同，可将调制分成如下多种类型。

（1）根据载波来分

由于载波一般分为连续波和脉冲波，因此可将调制分为连续波调制和脉冲调制。所谓连续波调制是指载波信号为连续波形，一般用单频正弦或余弦表示，因此又称正弦波调制。本章只介绍连续波调制。所谓脉冲调制是指载波信号为脉冲序列，实际通信中常用矩形周期脉冲序列表示，分析中常用理想单位冲激序列来表示。

（2）根据基带信号控制载波的参数来分

由于载波的参数通常有幅度、频率和相位之分，则按基带信号控制载波参数的不同可将调制分为幅度调制、频率调制和相位调制，简称调幅、调频和调相。

所谓调幅是指用基带信号去控制载波的幅度，使载波幅度随基带信号的变化而变化，如标准调幅（AM）、脉冲振幅调制（PAM）、幅移键控（ASK）等。

所谓调频是指用基带信号去控制载波的频率，使载波频率随基带信号的变化而变化，如模拟调频（FM）、脉冲频率调制（PFM）、频移键控（FSK）等。

所谓调相是指用基带信号去控制载波的相位，使载波相位随基带信号的变化而变化，如模拟调相（PM）、脉位调制（PPM）、相移键控（PSK）等。

（3）根据输入调制信号来分

由于调制信号通常分为模拟信号和数字信号，则按调制信号的不同可将调制分为模拟调制和数字调制。所谓模拟调制是指输入调制信号为连续变化的模拟信号，本章介绍的各种调制均属于模拟调制。所谓数字调制是指输入调制信号为离散的数字信号，数字带通传输系统中介绍的调制均属于数字调制。

（4）根据调制器的冲激响应或传输函数来分

由于调制器的系统函数是唯一的，其传输函数的不同使得基带信号频谱和经过调制产生的已调信号的频谱之间有线性和非线性之分，对应地可将调制分为线性调制和非线性调制。

所谓线性调制是指已调信号的频谱结构和调制信号的频谱结构之间呈线性搬移关系，即频域里形状相同，但是幅度可以有一定的衰减，时间可以有一定的延迟，如标准调幅（AM）、双边带调制（DSB）、单边带调制（SSB）、残留边带调制（VSB）、幅移键控（ASK）等。

所谓非线性调制是指已调信号的频谱结构和调制信号的频谱结构之间呈非线性关系，调制后频谱不仅产生了移位，而且增加了新的频率分量，如调频（FM）、调相（PM）、频移键控（FSK）等。

7.2 线性调制系统

7.2.1 标准调幅

幅度调制的基本思路是：用低频电信号去控制高频无线电的幅度，也就是在发送端让高频无线电的幅度随着低频电信号变化，到了接收端将高频无线电信号的幅度变化信息提取出来就可以恢复低频电信号。

幅度调制也分多种，标准幅度调制在无线电广播中用得比较多，先从标准幅度调制讲起。

以图 7-2 所示低频电信号调制到高频载波上为例，来看一下什么是标准幅度调制。

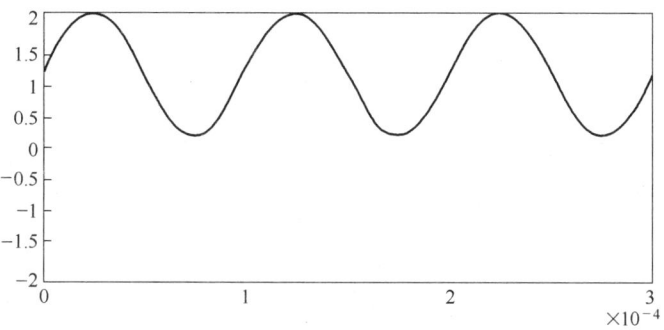

图 7-2　低频电信号波形

假定高频载波为余弦信号，如图 7-3 所示。注意，一般高频载波的频率都比这个高很多，这里为了看清楚相关波形，特意选取了一定的频率。

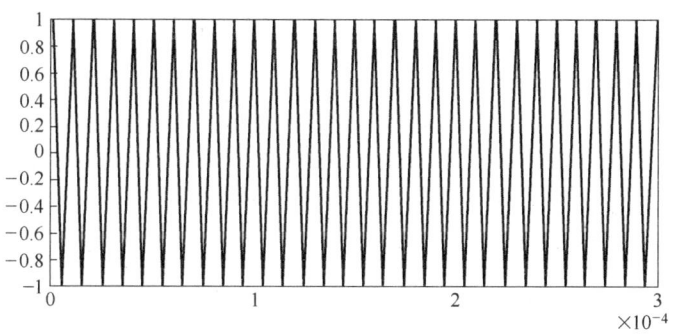

图 7-3　高频载波波形

高频载波的幅度随低频电信号来变化，已调高频电信号的波形如图 7-4 所示。

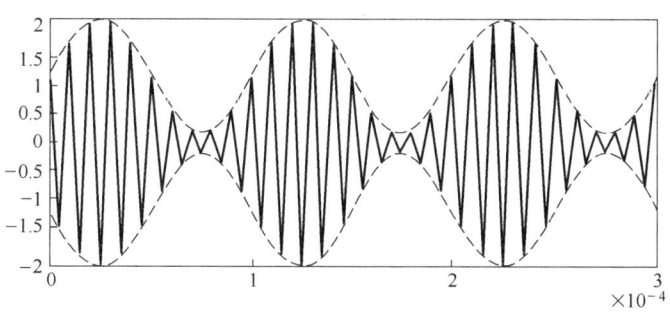

图 7-4　已调高频信号波形

如何才能得到这样的高频已调信号呢？直接将低频电信号与高频载波信号相乘即可。但是有一个前提条件，那就是：低频电信号的幅值必须恒大于零，否则高频载波信号的幅度不会完全按照低频电信号来变化。

下面看一个低频电信号不符合上述条件的例子。还是以 10kHz 单音信号为例，注意这个信号的幅度变化范围为 $-1\sim+1$，如图 7-5 所示。

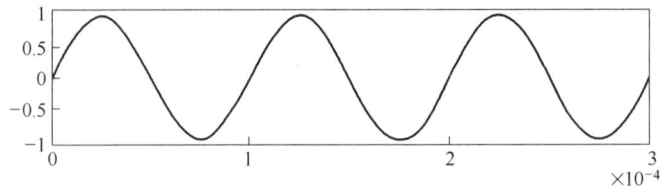

图 7-5　10kHz 单音信号波形

这个单音信号直接与高频载波相乘，得到已调高频信号波形如图 7-6 所示。

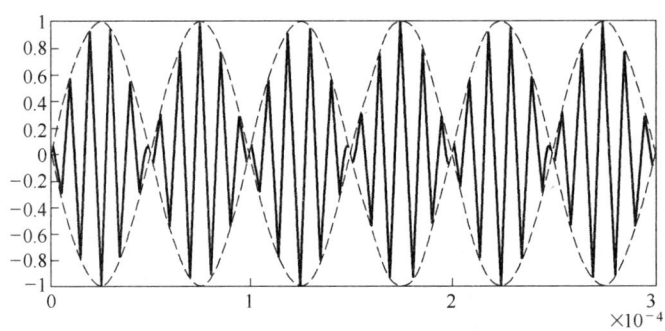

图 7-6　直接相乘得到的波形

很显然，这并不是我们期望看到的波形。有没有什么办法可以解决这个问题呢？

答案：有。方法很简单：将低频电信号的电平抬高，使其恒大于零，再与高频载波相乘，这样就可以得到我们所期望的已调信号波形。这就是标准幅度调制。

（1）调制原理

标准幅度调制的原理框图如图 7-7 所示。

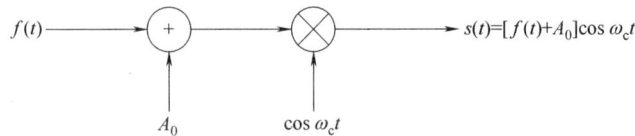

图 7-7　标准幅度调制原理框图

调制信号：$f(t)$

载波信号：$\cos\omega_c t$

已调信号：$s(t)=[f(t)+A_0]\cos\omega_c t$，其中 $A_0>|f(t)|$

（2）解调原理

调制的方法已经有了，如何解调呢？利用二极管的单向导通性和电容的高频旁路与隔直特性就可以实现解调，如图 7-8 所示。

第一步：利用二极管的单向导通性对信号进行处理，得到的信号波形如图 7-9 所示。

第二步：利用电容的高频旁路特性进行低通滤波，得到的基带信号波形如图 7-10

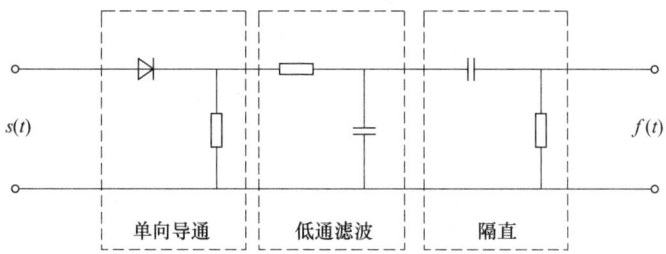

图 7-8 标准幅度调制解调原理框图

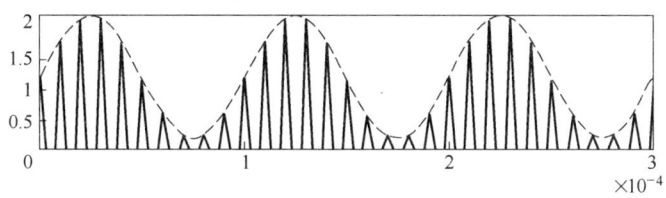

图 7-9 单向导通处理后得到的信号波形

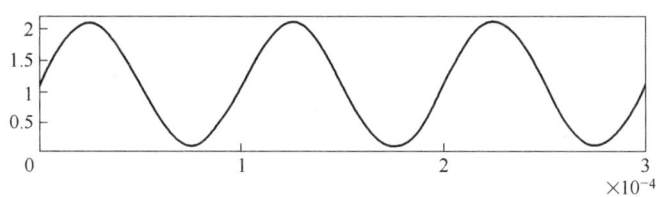

图 7-10 低通滤波后得到的信号波形

所示。

第三步：利用电容的隔直特性将基带信号搬回零电平附近，如图 7-11 所示。

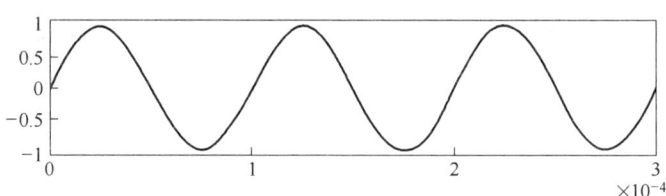

图 7-11 隔直处理后得到的信号波形

(3) 频谱分析

标准调幅信号：$s(t)=[f(t)+A_0]\cos\omega_c t$

假定调制信号 $f(t)$ 的频谱如图 7-12 所示。

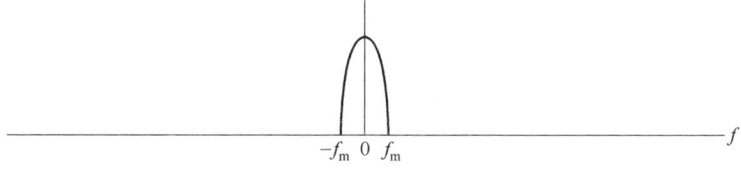

图 7-12 基带信号的频谱

余弦信号的频谱如图 7-13 所示。

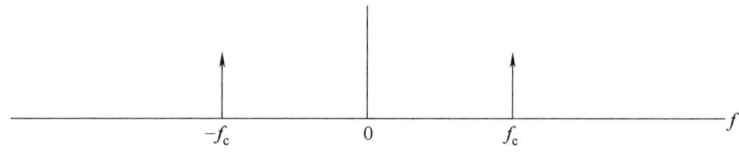

图 7-13　余弦信号的频谱

已调信号的频谱如图 7-14 所示。

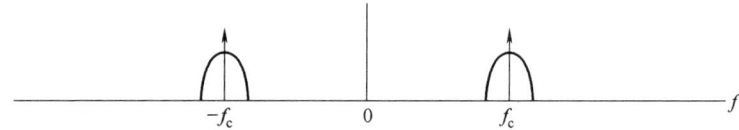

图 7-14　标准幅度调制信号的频谱

（4）调制效率

标准幅度调制和解调的实现都很简单，但是其调制效率很低。

$$s(t)=[f(t)+A_0]\cos\omega_c t=f(t)\cos\omega_c t+A_0\cos\omega_c t$$

由这个表达式可以看出：只有前面部分 $f(t)\cos\omega_c t$ 承载了有用信息 $f(t)$，后面部分 $A_0\cos\omega_c t$ 并没承载有用信息。

由于 $A_0 > |f(t)|$，标准幅度调制的效率低于 50%。

$$\eta=\frac{\overline{f^2(t)}}{\overline{f^2(t)+A_0{}^2}}<50\%$$

标准幅度调制由于接收机方案非常简单、成本低，因此被广泛应用于无线电广播中。但因其调制效率太低，在双向无线电通信中很少采用。

既然标准幅度调制因为发射了没有携带信息的空载波而导致调制效率低，那很容易想到：能不能不发送这个空载波呢？但如果不发送这个空载波，接收端能将信号解调出来吗？这就引出了双边带调制。

7.2.2　双边带调制

（1）调制原理

双边带调制的原理框图如图 7-15 所示。

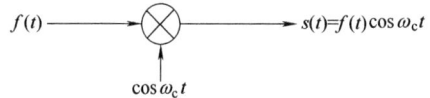

图 7-15　双边带调制原理框图

调制信号：$f(t)$
载波信号：$\cos\omega_c t$
已调信号：$f(t)\cos\omega_c t$

下面还以单音信号为例，看看双边带调制的相关信号波形。

将正弦信号调制到高频载波上。调制的输入信号、载波信号、给出已调信号的波形分别如图 7-16～图 7-18 所示。

（2）解调原理

接收端如何将调制信号解调出来呢？如果仍旧采用包络检波方法解调，信号会发生严

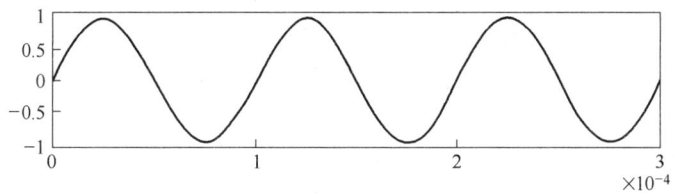

图 7-16 双边带调制的输入信号

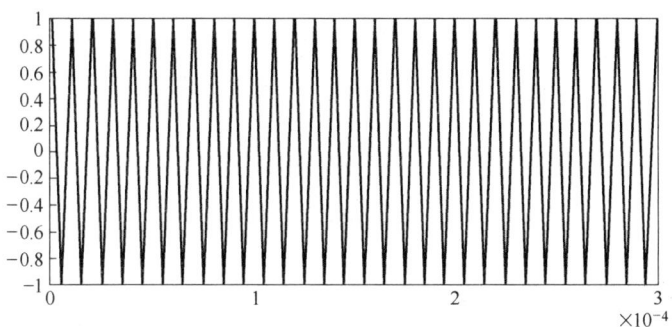

图 7-17 双边带调制的载波信号

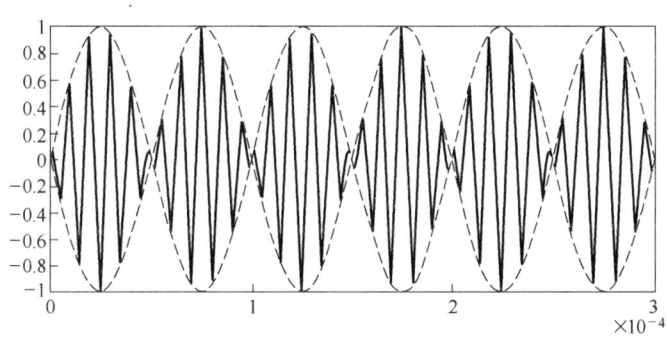

图 7-18 双边带调制的已调信号

重失真,如图 7-19 所示。

很明显不能再用包络检波方法进行解调,那用什么方法进行解调呢?

答案:相干解调。

相干解调的具体方法是:在接收端提取同步信息,产生一个与高频载波信号同频同相的本地载波,与接收信号相乘,再通过低通滤波,即可恢复出调制信号。

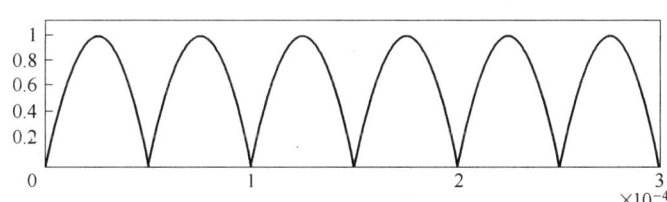

图 7-19 双边带已调信号通过包络检波后的波形

相干解调原理框图如图 7-20 所示。

解调原理如下:

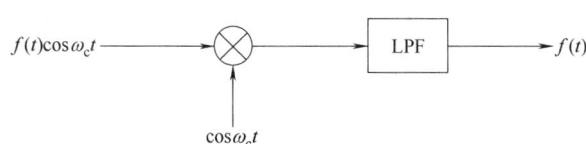

图 7-20 双边带调制相干解调原理框图

$$f(t)\cos\omega_c t\cos\omega_c t = f(t)\cos^2\omega_c t = \frac{1}{2}f(t) + \frac{1}{2}\cos2\omega_c t \tag{7-1}$$

因为 $\cos2\omega_c t$ 的频率远远高于 $f(t)$，所以可以利用低通滤波器 LPF 将 $f(t)$ 恢复出来。

(3) 频谱分析

为了加深对双边带调制和解调的理解，对其做一下频谱分析。假定 $f(t)$ 的频谱如图 7-21 所示。余弦信号的频谱如图 7-22 所示。双边带调制的已调信号频谱如图 7-23 所示。

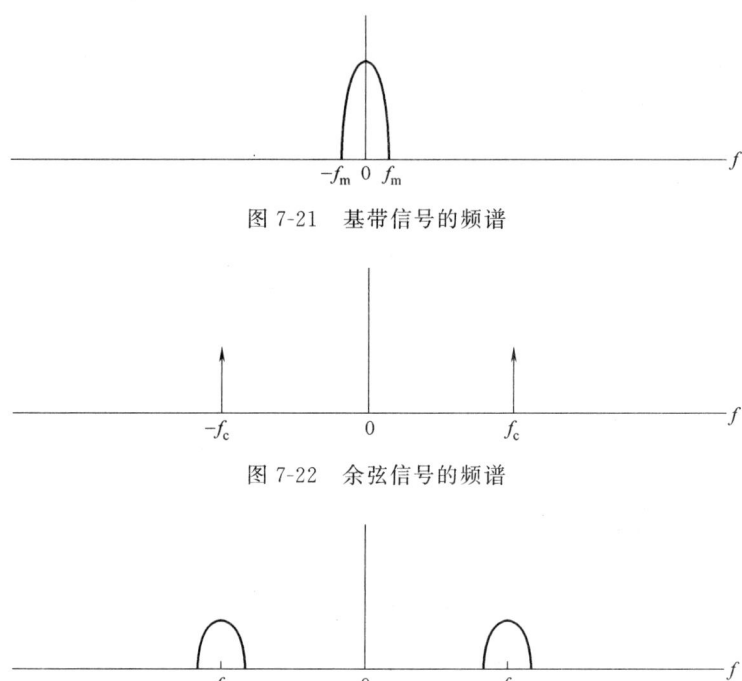

图 7-21 基带信号的频谱

图 7-22 余弦信号的频谱

图 7-23 已调信号的频谱

接收信号与本地余弦载波相乘得到的信号频谱如图 7-24 所示。

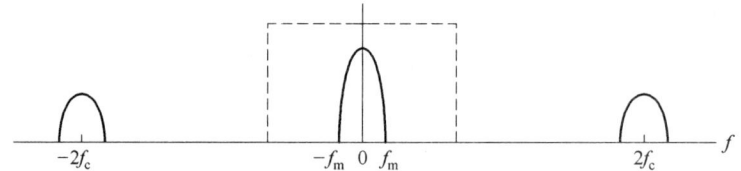

图 7-24 本地载波与接收信号相乘后的频谱

低通滤波后即可得到 $f(t)$ 的频谱，从中恢复出 $f(t)$。

一般将双边带调制信号频谱中 $|f|>f_c$ 部分称为上边带，$|f|<f_c$ 部分称为下边带，如图 7-25 所示。

双边带调制信号频谱中上边带和下边带部分携带的信息是相同的。

上边带的正频率部分是基带频谱的正频率部分向右搬移得到的，其负频率部分是基带频谱的负频率部分向左搬移得到的，如图 7-26 所示。

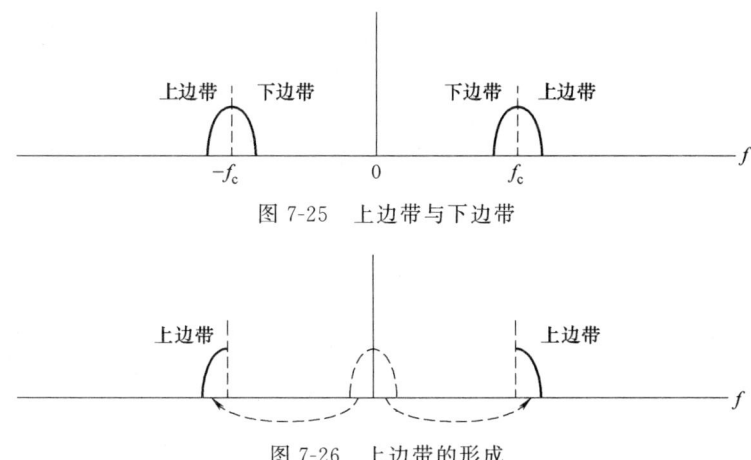

图 7-25 上边带与下边带

图 7-26 上边带的形成

下边带的正频率部分是基带频谱的负频率部分向右搬移得到的,其负频率部分是基带频谱的正频率部分向左搬移得到的,如图 7-27 所示。

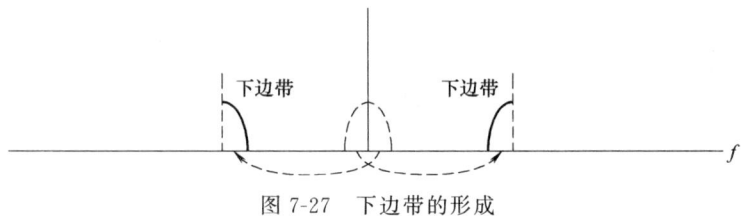

图 7-27 下边带的形成

很显然,上边带和下边带都来源于基带频谱,各自携带了基带信号的全部信息。

7.2.3 单边带调制

既然上边带和下边带携带了相同的信息,应该只发送其中一个边带就可以了,这样可以节省一半带宽,由此引出了单边带调制。

(1) 调制原理

根据前面的描述,很容易画出单边带调制的原理框图,只要在双边带调制的基础上,用理想低通滤波器截取下边带或用理想高通滤波器截取上边带即可。

用理想低通滤波器截取下边带信号发射出去,这就是下边带调制,如图 7-28 所示。

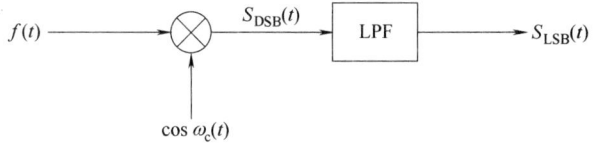

图 7-28 下边带调制

用理想高通滤波器截取上边带信号发射出去,这就是上边带调制,如图 7-29 所示。

(2) 解调原理

解调与双边带解调一样,也是采用相干解调;在接收端提取同步信息,产生一个与高频载波信号同频同相的本地载波,与接收信号相乘,再通过低通滤波,即可恢复出原来的信号,如图 7-30 所示。

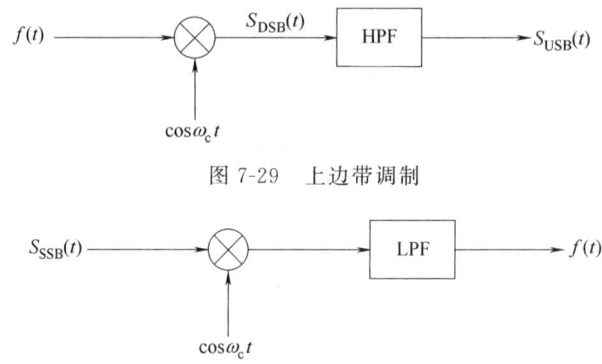

图 7-29 上边带调制

图 7-30 单边带相干解调原理框图

这样做能将调制信号解调出来吗？进行一下频谱分析就清楚了。

（3）频谱分析

双边带信号的频谱如图 7-31 所示。

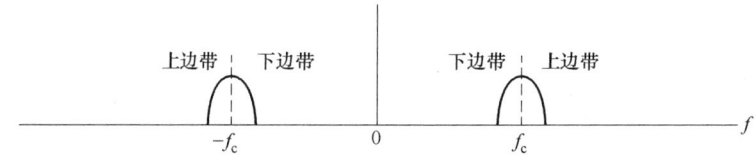

图 7-31 双边带信号的频谱图

1）下边带调制的解调。低通滤波器的频率响应如图 7-32 所示。

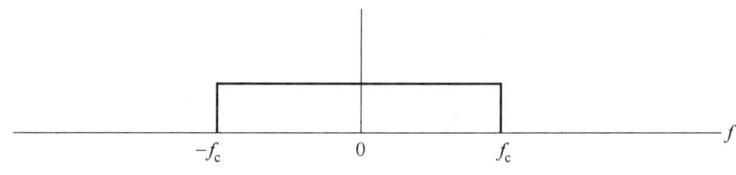

图 7-32 低通滤波器的频率响应

低通滤波器的频率响应与双边带信号频谱相乘即可得到下边带信号的频谱，如图 7-33 所示。

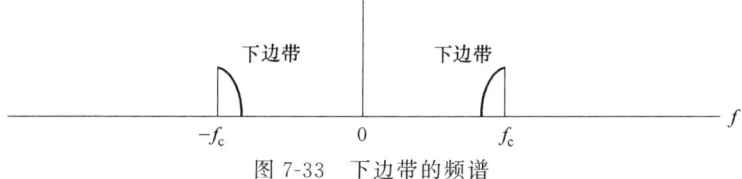

图 7-33 下边带的频谱

余弦信号的频谱如图 7-34 所示。

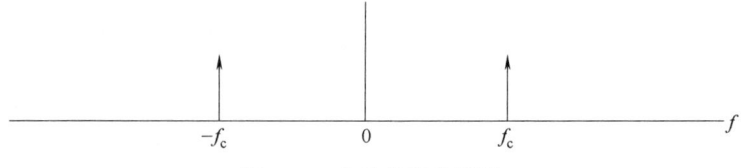

图 7-34 余弦信号的频谱

根据"时域相乘相当于频域卷积",可得下边带信号与余弦信号相乘所得信号 $S_{\text{LSB}}\cos\omega_c t$ 的频谱,如图 7-35 所示。

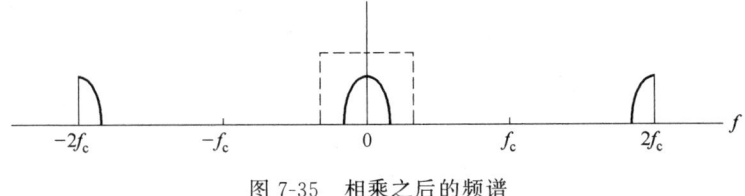

图 7-35　相乘之后的频谱

2）上边带调制的解调。高通滤波器的频率响应如图 7-36 所示。

高通滤波器的频率响应与双边带信号频谱相乘即可得到上边带信号的频谱,如图 7-37 所示。

余弦信号的频谱如图 7-38 所示。

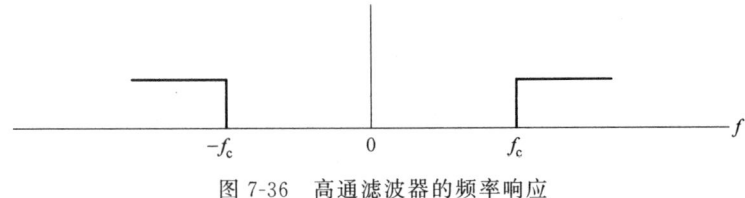

图 7-36　高通滤波器的频率响应

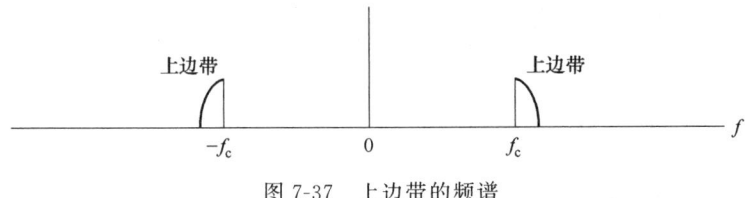

图 7-37　上边带的频谱

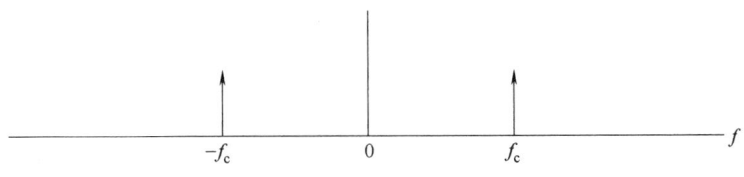

图 7-38　余弦信号的频谱

根据"时域相乘相当于频域卷积",可得上边带信号与余弦信号相乘所得信号 $S_{\text{USB}}\cos\omega_c t$ 的频谱,如图 7-39 所示。

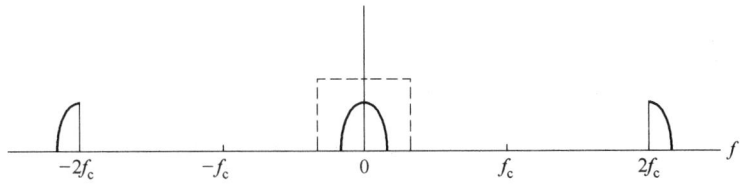

图 7-39　上边带信号与余弦信号相乘所得信号的频谱

7.3 非线性调制

幅度调制属于线性调制，它是通过改变载波的幅度，以实现调制信号频谱的平移及线性变换的。一个正弦载波有幅度、频率和相位三个参量，因此，我们不仅可以把调制信号的信息寄托在载波的幅度变化中，还可以寄托在载波的频率或相位变化中。这种使高频载波的频率或相位按调制信号的规律变化而振幅保持恒定的调制方式，称为频率调制（FM）和相位调制（PM），分别简称为调频和调相。因为频率或相位的变化都可以看成是载波角度的变化，故调频和调相又统称为角度调制。

角度调制与线性调制不同，已调信号频谱不再是原调制信号频谱的线性搬移，而是频谱的非线性变换，会产生与频谱搬移不同的新的频率成分，故又称为非线性调制。由于频率和相位之前存在微分与积分的关系，故调频与调相之间存在密切的关系，即调频必调相，调相必调频。鉴于 FM 用得较多，本节将主要讨论频率调制。

7.3.1 角调制的基本概念

任何一个正弦时间函数，如果它的幅度不变，则可用下式表达：

$$c(t)=A\cos\theta(t) \tag{7-2}$$

式中，$\theta(t)$ 称为正弦波的瞬时相位。

瞬时相位 $\theta(t)=\omega_c t+\theta_0$，$\theta_0$ 为初相位，是常数。$\omega(t)=\mathrm{d}\theta/\mathrm{d}t=\omega_c$ 是载频，也是常数。而在角调制中，正弦波的频率和相位都要随时间变化，可把瞬时相位表示为 $\theta(t)=\omega_c t+\varphi(t)$。因此，角度调制信号的一般表达式为：

$$s_m(t)=A\cos[\omega_c t+\varphi(t)] \tag{7-3}$$

式中，A 是载波的恒定振幅；$[\omega_c t+\varphi(t)]$ 是信号的瞬时相位 $\theta(t)$，而 $\varphi(t)$ 称为相对于载波相位 $\omega_c t$ 的瞬时相位偏移；$\mathrm{d}[\omega_c t+\varphi(t)]/\mathrm{d}t$ 是信号的瞬时频率，而 $\mathrm{d}\phi(t)/\mathrm{d}t$ 称为相对于载频 ω_c 的瞬时频偏。

调频与调相并无本质区别，二者之间可相互转换。

7.3.2 调频信号的产生与解调

（1）调频信号的产生

产生调频波的方法通常有两种：直接法和间接法。

1) 直接法。直接法就是用调制信号直接控制振荡器的频率，使其按调制信号的规律线性变化。

振荡频率由外部电压控制的振荡器称为压控振荡器（VCO）。每个压控振荡器自身就是一个 FM 调制器，因为它的振荡频率正比于输入控制电压，即

$$\omega_i(t)=\omega_0+Kf_m(t) \tag{7-4}$$

若用调制信号作控制信号，就能产生 FM 波。

控制 VCO 振荡频率的常用方法是改变振荡器谐振回路的电抗元件 L 或 C。L 或 C 可控的元件有电抗管、变容管。变容管由于电路简单，性能良好，目前在调频器中被广泛使用。

直接法的主要优点是在实现线性调频的要求下,可以获得较大的频偏。缺点是频率稳定度不高。因此往往需要采用自动频率控制系统来稳定中心频率。

应用如图 7-40 所示的锁相环（PLL）调制器,可以获得高质量的 FM 或 PM 信号。其载频稳定度很高,可以达到晶体振荡器的频率稳定度。但这种方案的一个显著缺点是,在调制频率很低,进入 PLL 的误差传递函数 $He(s)$（高通特性）的阻带之后,调制频偏（或相偏）是很小的。

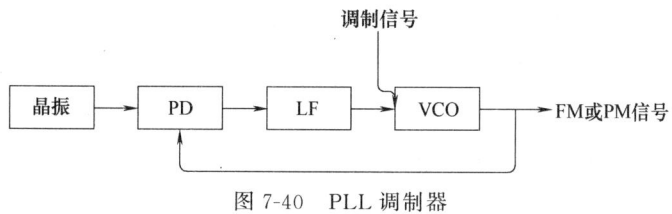

图 7-40　PLL 调制器

为使 PLL 调制器具有同样良好的低频调制特性,可用锁相环路构成一种所谓两点调制的宽带 FM 调制器,读者可参阅有关资料。

2) 间接法。间接法是先对调制信号积分后对载波进行相位调制,从而产生窄带调频信号（NBFM）。然后,利用倍频器（倍频器的作用是提高调频指数 mf,从而获得宽带调频。倍频器可以用非线性器件实现,然后用带通滤波器滤去不需要的频率分量）。把 NBFM 变换成宽带调频信号（WBFM）,其原理框图如图 7-41 所示。

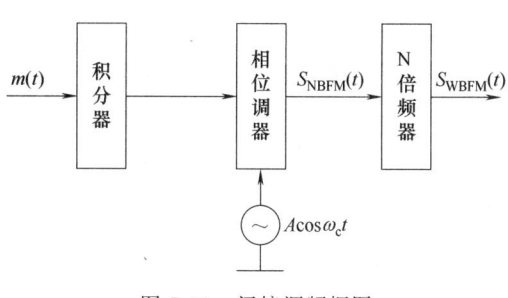

图 7-41　间接调频框图

窄带调频信号可看成由正交分量与同相分量合成。因此,可采用图 7-42 所示的方框图来实现窄带调频。

间接法的优点是频率稳定度好。缺点是需要多次倍频和混频,因此电路较复杂。

（2）调频信号的解调

1) 非相干解调。由于调频信号的瞬时频率正比于调制信号的幅度,因而调频信号的解调器必须能产生正比于输入频率的输出电压。最简单的解调器是具有频率—电压转换特性的鉴频器。

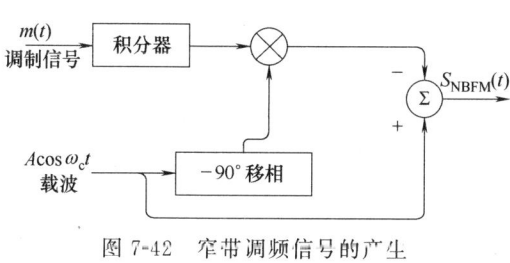

图 7-42　窄带调频信号的产生

图 7-43 给出了理想鉴频特性和鉴频器的方框图。理想鉴频器可看成是带微分器的包络检波器。

解调过程是先用微分器将幅度恒定的调频波变成调幅调频波,再用包络检波器从幅度变化中检出调制信号,因此上述解调方法又称为包络检测。其缺点之一是包络检波器对于由信道噪声和其他原因引起的幅度起伏也有反应。为此,在微分器前加一个限幅器和带通滤波器以便将调频波在传输过程中引起的幅度变化部分削去,变成固定幅度的调频波,带通滤波器让调频信号顺利通过，而滤除带外噪声及高次谐波分量。

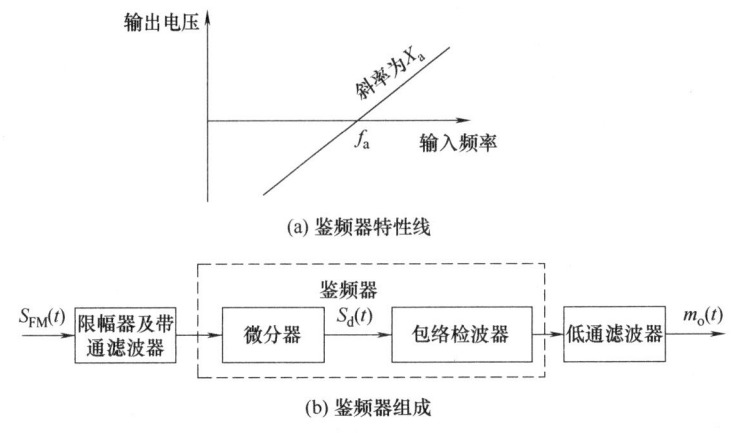

图 7-43 鉴频器特性与组成

鉴频器的种类很多，详细叙述可参考高频电子线路教材。此外，目前还常用锁相环（PLL）鉴频器。

PLL 是一个能够跟踪输入信号相位的闭环自动控制系统。由于 PLL 具有引人注目的特性，即载波跟踪特性、调制跟踪特性和低门限特性，因而使得它在无线电通信的各个领域得到了广泛的应用。PLL 最基本的原理图如图 7-44 所示。它由鉴相器（PD）、环路滤波器（LF）和压控振荡器（VCO）组成。

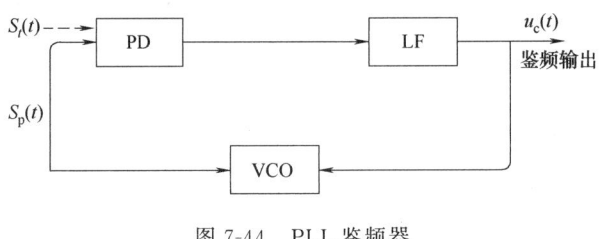

图 7-44 PLL 鉴频器

假设 VCO 输入控制电压为 0 时，振荡频率调整在输入 FM 信号 $S_i(t)$ 的载频上，并且与调频信号的未调载波相差 $\pi/2$，即有相干解调。

2）相干解调。由于窄带调频信号可分解成同相分量与正交分量之和，因而可以采用线性调制中的相干解调法来进行解调，如图 7-45 所示。

相干解调可以恢复原调制信号，这种解调方法与线性调制中的相干解调一样，要求本地载波与调制载波同步，否则将使解调信号失真。

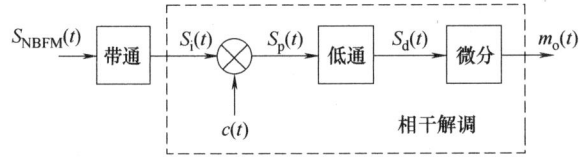

图 7-45 窄带调频信号的相干解调

思考与练习

一、思考题

1. 什么是线性调制？常见的线性调制方式有哪些？
2. SSB 信号的产生方法有哪些？
3. AM 调制系统和 SSB 调制系统的抗噪性能是否相同？为什么？
4. 什么是频率调制？什么是相位调制？两者关系如何？
5. 什么是频分复用？频分复用的目的是什么？

二、计算题

1. 已知调制信号 $m(t)=\cos 2000\pi t$，载波 $c(t)=2\cos 10^4 \pi t$，分别写出 AM、DSB、SSB（上边带）、SSB（下边带）信号的表达式，并画出频谱图。

2. 已知某调幅波的展开式为：
$$S_{AM}(t)=0.125\cos 2\pi(10^4)t+4\cos 2\pi(1.1\times 10^4)t+0.125\cos 2\pi(1.2\times 10^4)t$$

试确定：

（1）载波信号表达式；

（2）调制信号表达式。

3. 设有一调制信号为 $m(t)=\cos\Omega_1 t+\cos\Omega_2 t$，载波为 $A\cos\omega_c t$，试写出 $\Omega_2=2\Omega_1$，载波频率 $\omega_c=5\Omega_1$ 时，相应的 SSB 信号的表达式，并画出频谱图。

8 数字信号的基带传输

在数字传输系统中，其传输对象通常是二进制或多进制数字信息（符号），有来自各种数字终端设备（计算机、电传机等）的数字信息；有来自模拟信号系统（语音设备、图像设备等）的数字化编码信息，我们把这些信息来源统称为信源。用信源输出的二进制或多进制数字序列去调制矩形脉冲载波的某参数，则可将数字序列映射为相应的信号波形在信道上传输，这些信号波形中含有丰富的低频分量，甚至直流分量，我们称之为数字基带信号。由电磁波传播理论可知，低频或直流信号在传输过程中损耗大，不能作长距离传输。因此，数字基带信号适合在具有低通特性的有线信道上传输，我们称之为数字基带传输。而大多数信道是带通型的，数字基带信号必须经过高频载波调制，使其成为具有带通特性的数字频带信号，才能在带通型的信道上传输。在接收端再将频带信号恢复为基带信号，我们把这种传输形式称为数字频带传输。

8.1 数字基带信号的波形及其频域特性

8.1.1 数字基带信号的基本波形

数字基带信号是表示数字信息的电波形，它可以用不同的电平或脉冲来表示。数字基带信号的类型有很多。这里以矩形脉冲为例，如图8-1所示，介绍几种基本的基带信号波形。

（1）单极性波形

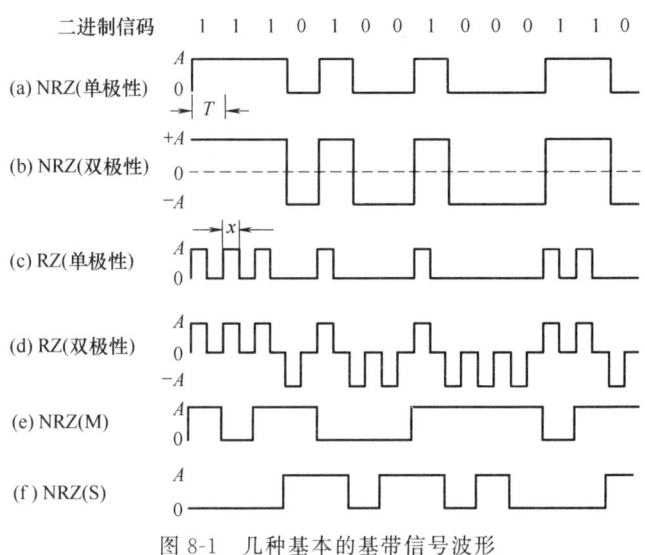

图8-1 几种基本的基带信号波形

这是一种最简单的基带信号波形（图8-2）。它用正电平和零电平分别对应二进制数字"1"和"0"；或者说，在一个码元时间内用脉冲的有或无来表示"1"和"0"。该波形的特点是电脉冲之间无间隔，极性单一，易于用 TTL、CMOS 电路产生；缺点是有直流分量，要求传输线路具有直流传输能力，因而不适应有交流耦合的远距离传输，只适用于计算机内部或极近距离（如印制电路板内和机箱内）的传输。

（2）双极性波形

这是一种用正、负电平的脉冲分别表示二进制数字"1"和"0"（图 8-3）。因其正负电平的幅度相等、极性相反，故当"1"和"0"等概率出现时无直流分量，有利于在信道中传输，并且在接收端恢复信号的判决电平为零值，因而不受信道特性变化

图 8-2 单极性波形

的影响，抗干扰能力也较弱。在 ITU-T 制定的 V.24 接口标准和美国电工协会（EIA）制定的 RS-232C 接口标准中均采用双极性波形。

（3）单极性归零波形

所谓归零（RZ）波形是指它的有电脉冲宽度 τ 小于码元宽度 T，即信号电压在一个码元终止时刻前总要回到零电平（图 8-4）。通常，归零波形使用半占空码，即占空比（τ/T）为 50%，从单极性 RZ 波形可以直接提取定时信息，它是其他码

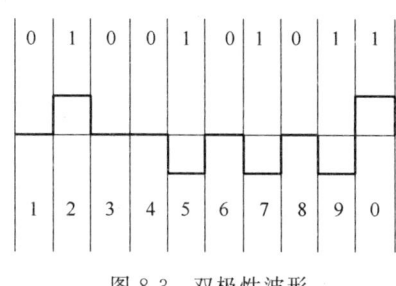

图 8-3 双极性波形

型提取位同步信息时常采用的一种过渡波形。

与归零波形相对应，上面的单极性波形和双极性波形属于非归零（NRZ）波形，其占空比 $\tau/T=100\%$。

（4）双极性归零波形

它是双极性波形的归零形式（图 8-5）。它兼有双极性和归零波形的特点。由于其相邻脉冲之间存在零电位的间隔，使得接收端很容易识别出每个码元的起止时刻，

图 8-4 单极性归零波形

从而使收发双方能保持正确的位同步。这一优点使双极性归零波形得到了一定的应用。

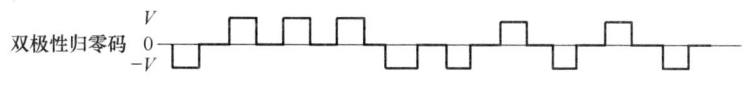

图 8-5 双极性归零波形

（5）差分波形

这种波形是用相邻码元的电平的跳变和不变来表示消息，而与码元本身的点位或极性无关（图 8-6）。以电平跳变表示"1"，以电平不变表示"0"，当然上述规定也可以反过来。由于差分波形是以相邻脉冲电平的相对变化来表示消息，因此也称相对码波形，而相应地称前面的单极性或双极性波形为绝对码波形。用差分波形传送消息可以消除设备初始状态的影响，特别是在相应调制系统中可用于解决载波相位模糊问题。波形如图 8-6 所示。

（6）多电平波形

前面 5 种波形的电平取值只有两种，即一个二进制码元对应一个脉冲。为了提高频带利用率，可以采用多电平波形或多值波形（图 8-7）。由于多电平波形的一个脉冲对应多

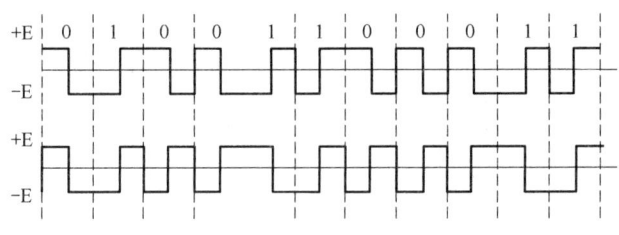

图 8-6 差分波形

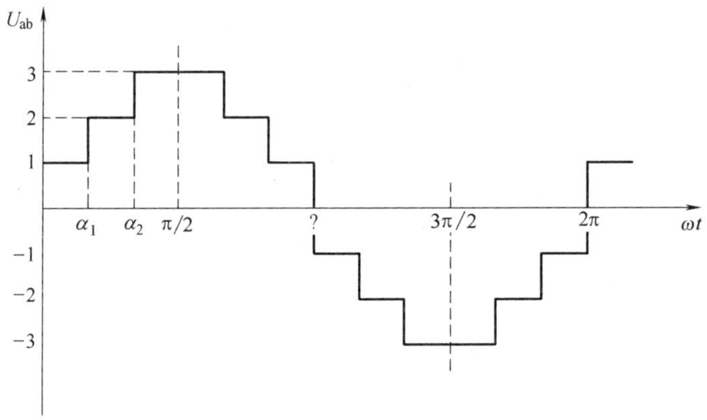

图 8-7 多电平波形

个二进制码,在波特率相同(传输带宽相同)的条件下,比特率提高了,因此多电平波形在频带受限的高速数据传输系统中得到了广泛应用。

8.1.2 数字基带信号的功率谱

前面介绍了几种常见的数字基带信号波形,我们还需要知道这些波形分别适合什么类型的数字传输系统,即需要知道信号波形的频宽,是否有直流分量,是否含有接收端需要的位同步时钟分量等。这些问题都可以通过研究波形的频谱特性来解答。

在通信系统中,二进制或多进制序列是随机序列,所以对应的数字基带信号是随机过程的样本函数,即随机脉冲序列。从对随机系统的分析可知:随机信号的频谱特性是用其功率谱来描述的,而随机信号自相关函数的傅氏变换就是它的功率谱密度。

设 a_n 为第 n 个信息代码所对应的电平值(单极性码为 0、1;双极性码为 1、-1 等),$g(t)$ 为某种标准脉冲波形(三角波、矩形波或升余弦波等),周期为码元宽度 T_s,则数字基带信号可以用数学式表示为:

$$m(t) = \sum_{n=-\infty}^{+\infty} a_n g(t - nT_s) \tag{8-1}$$

可以证明 $m(t)$ 是平稳随机过程。因此可以先推导 $m(t)$ 的自相关函数,再求自相关函数的傅氏变换,得到数字基带信号 $m(t)$ 的功率谱密度。

在通信系统中,信息符号等概率出现且符号之间互不相关。在此条件下,可以推导出 $m(t)$ 的功率谱密度。

$$P_m(f) = \sigma_a^2 f_s |G(f)|^2 + m_a^2 f_s^2 \sum_{n=-\infty}^{+\infty} |G(nf_s)|^2 \delta(f - nf_s) \tag{8-2}$$

上式中 σ_a^2、m_a 分别为 a_n 的方差和数学期望；$f_s=1/T_s$，数值上等于码元速率 R_B；$G(f)$ 是 $g(t)$ 的傅氏变换。

式（8-2）给出的数字基带信号功率谱密度有两项，第一项 $\sigma_a^2 f_s |G(f)|^2$ 是连续谱，它的形状取决于 $G(f)$；第二项 $m_a^2 f_s^2 \sum_{n=-\infty}^{+\infty} |G(nf_s)|^2 \delta(f-nf_s)$ 是离散谱，各相邻离散谱线的频率间隔为 f_s。

在实际数字通信中，$g(t)$ 通常为矩形脉冲波形。设 $g(t)$ 幅值为 A，脉宽为 τ，则

$$|G(f)| = A\tau \frac{\sin \pi f \tau}{\pi f \tau} = A\tau \mathrm{sinc}(f\tau) \tag{8-3}$$

对于单极性不归零码，$\sigma_a^2=1/4$，$m_a=1/2$，$\tau=T_s$，代入式（8-2）及式（8-3）得到单极性不归零码的功率谱密度：

$$\begin{aligned} P(f) &= \frac{1}{4} f_s |G(f)|^2 + \frac{1}{4} f_s^2 \sum_{n=-\infty}^{+\infty} |G(nf_s)|^2 \delta(f-nf_s) \\ &= \frac{T_s}{4} A^2 \mathrm{sinc}^2(fT_s) + \frac{A^2}{4} \sum_{n=-\infty}^{+\infty} \mathrm{sinc}^2(n) \delta(f-nf_s) \\ &= \frac{T_s}{4} A^2 \mathrm{sinc}^2(fT_s) + \frac{A^2}{4} \delta(f) \end{aligned} \tag{8-4}$$

式中第一项是连续谱，第二项是离散的直流分量，对应的单边功率谱如图 8-8（a）所示。一般取频谱的主瓣宽度（坐标原点到频谱第一个零点的宽度）为信号带宽，所以单极性不归零码的带宽为 $B=1/T_s=f_s$。

不难求得，占空比为 1/2（$\tau=T_s/2$）的单极性归零码功率谱密度：

$$P(f) = \frac{T_s}{16} A^2 \mathrm{sinc}^2\left(\frac{fT_s}{2}\right) + \frac{A^2}{16} \sum_{n=-\infty}^{+\infty} \mathrm{sinc}^2\left(\frac{n}{2}\right) \delta(f-nf_s) \tag{8-5}$$

式中第一项是连续谱，第二项是离散谱，其中 $n=0$ 时的离散谱为直流分量；$n=1$ 时的离散谱为位同步时钟分量 f_s；$n=$ 奇数时的离散谱为奇次谐波分量，如图 8-8（b）所示。单极性归零码的带宽为 $B=1/\tau=2f_s$。

对于双极性码，$\sigma_a^2=1$，$m_a=0$，代入式（8-2）可知其功率谱密度第二项为 0，即无离散分量。再结合式（8-3）得双极性码功率谱密度：

$$P(f) = A^2 f_s \tau^2 \mathrm{sinc}^2(f\tau) \tag{8-6}$$

图 8-8（c）为双极性不归零码（$\tau=T_s$）的单边功率谱密度；图 8-8（d）为双极性归零码的单边功率谱密度。由图可知双极性码带宽 $B=1/\tau$。

在信息符号等概率出现且符号之间互不相关的条件下，图 8-7 中差分码的功率谱与绝对码的功率谱相同；多电平码的功率谱与双极性码功率谱相似。

综上所述：

1）单极性信号波形功率谱中不但有连续谱，还有离散的直流分量。其中单极性归零码信号波形还有位同步时钟分量，便于接收端从接收到的波形中用窄带滤波法提取出离散的位同步时钟分量，用作抽样判决的同步时钟脉冲。

2）双极性信号波形中无离散谱，只有连续谱。

3）脉冲型数字基带信号的近似带宽为 $1/\tau$，则不归零码的信号带宽为 $B=f_s$，数值上与码元速率 R_B 相等；归零码的信号带宽为 $B=1/\tau$。

对数字基带信号功率谱的研究，不但使我们了解信号的带宽、有无直流分量、有无位同步时钟分量，还为我们提供了分析各种信号频谱特性的方法，为今后学习频带传输系统打下了基础。

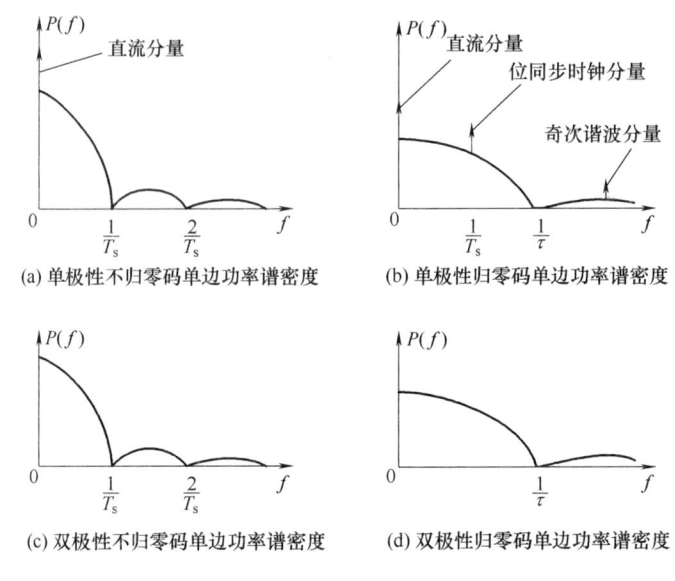

图 8-8 常见的数字基带信号的单边功率谱密度

8.2 基带传输的常用码型

在实际的基带传输系统中，并不是所有类型的基带信号波形都适合在信道上传输；另一方面，不同的传输媒介具有不同的传输特性，需要不同的传输信号码型，这在国际上有统一的规定（协议）。我们把适合在信道上传输的数字基带信号波形称为基带传输码型或线路码型。把数字基带信号变换为线路码型的变换器称为基带调制器；在接收端，将线路码型恢复为原数字基带信号的变换器称为基带解调器，两者合称为基带调制解调器。

对线路码型的结构要求取决于基带信道的传输特性，并考虑在接收端提取位同步时钟信号的需求，线路码型应具有以下主要特性：

1) 线路码型的功率谱特性与传输信道的频率特性匹配。例如多数信道要求线路传输码型无直流分量，低频分量少。

2) 便于在接收端提取位同步时钟信号。例如单极性码含有位同步时钟分量，可以直接提取；也可以将线路码经简单的非线性变换后，提取位同步时钟，这就要求线路码型中无长串的连"0"或连"1"码。

3) 线路码的高频分量要尽量少。信号的高频分量少即信号带宽窄，一方面可以节省传输频带，另一方面可以减少码间串扰。

4) 具有内在的检错能力，并能减少误码扩散。

5) 尽可能提高线路码的编码效率，即提高传输效率。

下面介绍几种常用的线路码型。

8.2.1 AMI 码

AMI（Alternate Mark Inversion）码的全称是传号交替反转码，其编码规则是：将信息代码 0（称空号）仍编码为"0"（0 电平），信息代码 1（称传号）编码为"+1"（+A 电平）和"-1"（-A 电平）交替出现的半占空归零脉冲，如图 8-9 所示。

由于 AMI 码中的传号正负极性交替反转，所以其波形中无直流分量，低频和高频分量也较小，AMI 码波形的功率谱密度见图 8-13。虽然它的功率谱中无位同步时钟分量，在接收端，只要将双极性波形经过全波整流，变换为单极性归零码波形，就可以提取其中的位同步时钟。此外，如果在传输中出现误码，AMI 码传号交替反转规则被破坏，在接收端很容易被发现，所以 AMI 码具有检错能力。AMI 码的缺点是当信号中出现长串的连"0"码时，会造成位同步时钟信号提取困难，使其使用条件受到较大限制。为克服 AMI 码的这个缺点，人们对 AMI 码进行了改进，下面介绍的 HDB$_3$ 码就是其中有代表性的 AMI 码改进型。

8.2.2 HDB$_3$ 码

HDB$_3$ 码的全称是三阶高密度双极性码，其编码规则是：当信息代码中连"0"个数小于等于 3 时，仍按 AMI 码的编码规则；当信息代码中连"0"个数超过 3 时，将每 4 个连"0"串的第 4 个"0"编码为与前一非"0"码同极性的正脉冲或负脉冲（记为 +V 或 -V），显然这样会破坏"极性交替反转"的规则，因此称该脉冲为破坏码或 V 码；为保证加 V 码后的编码输出仍无直流分量，相邻 V 码的极性必须相反，为此当相邻 V 码间有偶数个"1"时，将后面的连"0"串中的第 1 个"0"编码为 B 符号，B 符号的极性与前一非"0"码的极性相反，而 B 符号后的 V 码与 B 符号的极性相同，V 码后面的非"0"符号的极性再交替反转，如图 8-9 所示。

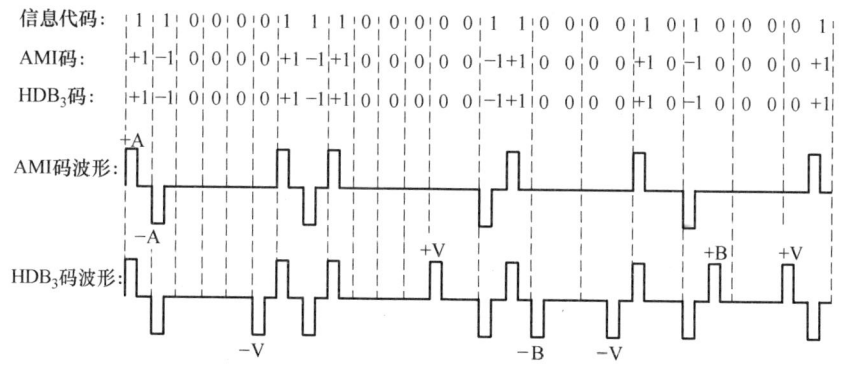

图 8-9 AMI 码、HDB$_3$ 码编码及信号波形

HDB$_3$ 码除了保持 AMI 码的优点外，还使编码输出中连"0"的个数不超过 3 个，因此 HDB$_3$ 码信号的功率谱与信源的统计特性无关，这对于接收端提取位同步时钟十分有利，其功率谱密度见图 8-13。HDB$_3$ 码是 CCITT 推荐作为欧洲系列 PCM 话音系统一次群、二次群、三次群线路接口码型。

8.2.3 CMI 码

CMI 码的编码规则是：将信息代码 0 编码为线路码 "01"；信息代码 1 编码为线路码 "11" 与 "00" 交替出现。CMI 码信号波形如图 8-10 所示，是幅值为 +A 和 -A 的不归零脉冲。

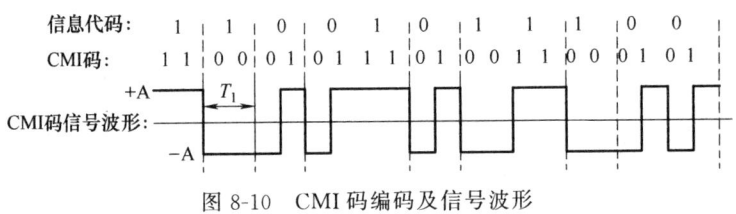

图 8-10 CMI 码编码及信号波形

由于 CMI 码波形有较多的电平跳变，因而便于在接收端提取位同步时钟。该码的另一特点是具有检错能力。CMI 码是 CCITT 推荐作为 PCM 话音系统四次群线路接口码型。

8.2.4 数字双相码

数字双相码又称 Manchester 码，其编码规则是：将信息代码 0 编码为线路码 "01"；信息代码 1 编码为线路码 "10"（也可以将信息代码 0、1 的编码规则反之）。数字双相码信号波形如图 8-11 所示。

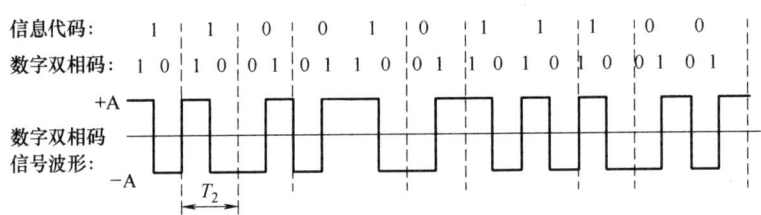

图 8-11 数字双相码编码及信号波形

数字双相码的优点是：可以在接收端利用电平的正、负跳变提取位同步时钟；编码过程简单。但它的信号带宽比前几种码型宽近一倍，数字双相码功率谱密度如图 8-13 所示。该码在本地局域网中，数据传输速率为 10Mbit/s 的数据接口线路中使用。

8.2.5 延时调制码

延时调制码编码规则是：首先将信息代码进行密勒（Miller）编码，然后作差分编码，再映射为相应的信号波形。

密勒码编码规则：将信息代码 1 编码为线路码 "01"；信息代码 0 编码为线路码 "x0"，x 取 0 或 1。当前一位编码为 0 时，x 取 1；前一位编码为 1 时，x 取 0。

延时调制码信号波形的产生过程如图 8-12 所示，其功率谱密度见图 8-13。从图中可知，延时调制码的信号带宽是几种码型中最窄的，其带宽约为 $0.75f_s$。延时调制码应用于磁记录传输媒介中。

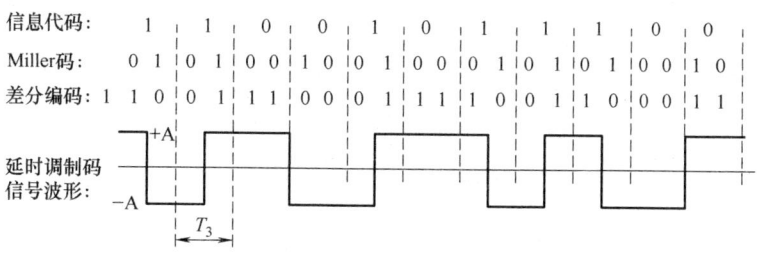

图 8-12 延时调制码编码及信号波形

8.2.6 nBmB 码

nBmB 码是一种分组码的统称,是把原信息码流的每 n 位作为一组,编码成 m 位新码组输出,$m>n$,通常选择 $m=n+1$。

前面介绍的 AMI 和 HDB_3 码,每 1 位信息代码对应编码为 1 位线路码,这种码型也可以称为 1B1B 码。CMI 码、数字双相码和延时调制码,每 1 位信息代码对应编码为 2 位线路码,可以称为 1B2B 码,还有 2B3B 码、3B4B 码和 5B6B 码等,其中最常用的是 5B6B 码。

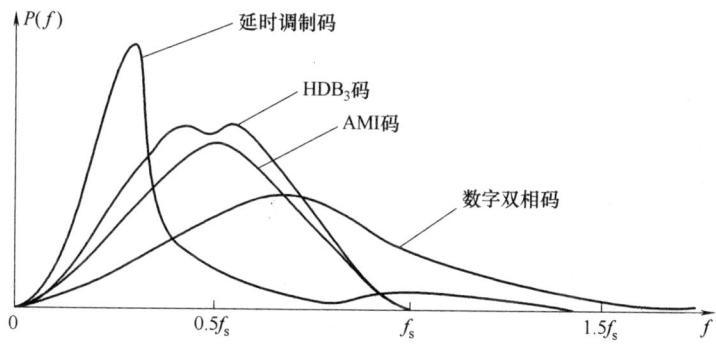

图 8-13 几种常用线路码信号的功率谱密度

8.3 数字基带传输系统

8.3.1 数字基带传输系统的模型

数字基带传输系统的模型如图 8-14 所示。

假设 $\{a_n\}$ 为发送滤波器的输入符号序列,在二进制的情况下,符号 a_n 的取值为 0、1 或 -1、$+1$。为分析方便,我们把这个序列对应的基带信号表示成:

$$d(t) = \sum_{n=-\infty}^{\infty} a_n \delta(t - nT_s) \tag{8-7}$$

这个信号是由时间间隔为 T_s 的单位冲激函数 $\delta(t)$ 构成的序列,其每一个 $\delta(t)$ 的强度则由 a_n 决定。当 $d(t)$ 激励发送滤波器时,发送滤波器产生输出信号为:

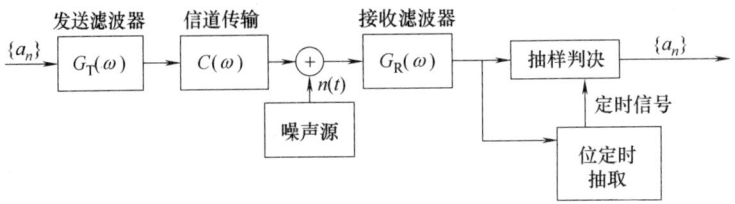

图 8-14 数字基带传输系统模型

$$s(t) = d(t)*g_T(t) = \sum_{n=-\infty}^{\infty} a_n g_T(t-nT_s) \tag{8-8}$$

式中:"*"是卷积符号;$g_T(t)$ 是单个 $\delta(t)$ 作用下形成的发送基本波形,即发送滤波器的冲激响应。

设发送滤波器的传输特性为 $G_T(\omega)$,则 $g_T(t)$ 由下式确定:

$$g_T(t) = \frac{1}{2\pi}\int_{-\infty}^{\infty} G_T(\omega)e^{j\omega t}d\omega \tag{8-9}$$

若再设信道的传输特性为 $C(\omega)$,接收滤波器的传输特性为 $G_R(\omega)$,则图 8-14 所示的基带传输系统的总传输特性为:

$$H(\omega) = G_T(\omega)C(\omega)G_R(\omega) \tag{8-10}$$

其单位冲激响应为:

$$h(t) = \frac{1}{2\pi}\int_{-\infty}^{\infty} H(\omega)e^{j\omega t}d\omega \tag{8-11}$$

$h(t)$ 是在单个 $\delta(t)$ 作用下,$H(\omega)$ 形成的输出波形。因此在冲激脉冲序列 $d(t)$ 作用下,接收滤波器输出信号 $r(t)$ 可表示为:

$$r(t) = d(t)*h(t) + n_R(t) = \sum_{n=-\infty}^{\infty} a_n h(t-nT_s) + n_R(t) \tag{8-12}$$

式中,$n_R(t)$ 是加性噪声 $n(t)$ 经过接收滤波器后输出的噪声。

然后,抽样判决器对 $r(t)$ 进行抽样判决,以确定所传输的数字信息序列 $\{a_n\}$。例如,我们为了确定第 k 个码元 a_k 的取值,首先应该在 $t=kT_s+t_0$ 时刻上对 $r(t)$ 进行抽样,以确定 $r(t)$ 在该样点上的值。由上式可得:

$$r(kT_s+t_0) = a_k h(t_0) + \sum_{n=k} a_n h[(k-n)T_s+t_0] + n_R(kT_s+t_0) \tag{8-13}$$

式中:$a_k h(t_0)$ 是第 k 个接收码元波形的抽样值,它是确定 a_k 的依据;$\sum_{n=k} a_n h[(k-n)T_s+t_0]$ 是除第 k 个码元以外的其他码元波形在第 k 个抽样时刻上的总和,它对当前码元 a_k 的判决起着干扰的作用,所以称之为码间串扰值。由于 a_n 是以概率出现的,故码间串扰值通常是一个随机变量;$n_R(kT_s+t_0)$ 是输出噪声在抽样瞬间的值,它是一种随机干扰,也会影响第 k 个码元的正确判决。

8.4 扰码和解扰

在通信系统中,经过信源编码和系统复接后生成的传送码流,通常需要通过某种传输媒介才能到达接收机。传输媒介统称为传输信道。通常情况下,编码码流是不能或不适合直接通过传输信道进行传输的，必须经过某种处理，使之变成适合在规定信道中传输的形式，在通信原理上，这种处理称为信道编码（与信源编码相对应），实现信道编码的系统称为传输系统。在工程应用中，信道编码过程一般被分为两个环节：负责传输误码的检测和校正的环节称为信道编解码；负责信号变换和频带搬移的环节称为调制解调。一个实际的数字传输系统至少要包括上述两个环节中的一个环节。

未经调制的电脉冲信号所占据的频带宽度通常从直流和低频开始，因而称为数字基带信号，直接传送数字基带信号，称为数字信号的基带传输。如果把调制与解调过程看作是广义信道的一部分，则任何数字传输系统均可等效为基带传输系统。不同形式的数字基带信号具有不同的频谱结构，对于传输频带低端受限的信道来说，一般线路传输码型的频谱中应不含直流分量，传输线路中的交流耦合电路结构也希望所含的直流分量尽量小。

数字通信理论在设计通信系统时都是假设所传输的比特流中"0"与"1"出现的概率是相等的，各为50％。实际应用中的通信系统以及其中的数字通信技术的设计性能指标首先也是以这一假设为前提的。减少连"0"码或连"1"码以保证定时恢复质量是数字基带传输中的一个重要问题，但传送码流经过编码处理后，可能会在其中出现连续的"0"或连续的"1"。这样，一方面破坏了系统设计的前提，破坏了传输信道的"0"码和"1"码的平衡，使得系统有可能会达不到设计的性能指标。另一方面在接收端进行信道解码前必须首先利用时钟恢复电路提取出线路时钟，线路时钟的提取是利用传输码流"0"与"1"之间的波形跳变实现的，而连续的"0"或连续的"1"给线路时钟的提取带来了困难。为了保证在任何情况下进入传输信道的数据码流中"0"与"1"的概率都能基本相等，传输系统会用一个伪随机序列对输入的传送码流进行扰乱处理，将二进制数字信息做"随机化"处理，变为伪随机序列，也能限制连"0"码或连"1"码的长度，这种"随机化"处理通常称为"扰码"。

从更广泛的意义上来说，扰码能使数字传输系统（不论是基带或带通传输）对各种数字信息具有透明性，这不但因为扰码能改善位定时恢复的质量，还因为扰码能使信号频谱弥散而保持稳恒，相当于将数字信号的功率谱拓展，使其分散开了，因此扰乱过程又被称为"能量分散"过程。

伪随机序列是由一个标准的伪随机序列发生器生成的，其中"0"与"1"出现的概率接近50％。由于二进制数值运算的特殊性质，用伪随机序列对输入的传送码流进行扰乱后，无论原始传送码流是何种分布，扰乱后的数据码流中"0"与"1"的出现概率都接近50％。扰乱虽然改变了原始传送码流，但这种扰乱是有规律的，因而也是可以解除的，在接收端解除这种扰乱的过程称为解扰。完成扰码和解扰的电路相应称为扰码器和解扰器。

8.4.1 m 序列的产生和性质

（1）m 序列的产生

m 序列是最长线性反馈移位寄存器序列的简称，m 序列是由带线性反馈的移位寄存器产生的。

由 n 级串联的移位寄存器和反馈逻辑线路可组成动态移位寄存器，如果反馈逻辑线路只由模 2 和构成，则称为线性反馈移位寄存器。

带线性反馈逻辑的移位寄存器设定初始状态后，在时钟触发下，每次移位后各级寄存器会发生变化,其中任何一级寄存器的输出,随着时钟节拍的推移都会产生一个序列,该序列称为移位寄存器序列。

n 级线性移位寄存器如图 8-15 所示。

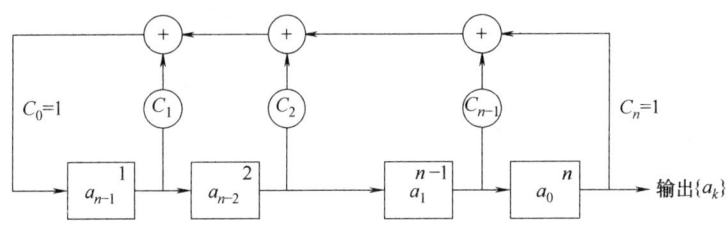

图 8-15　n 级线性移位寄存器

图中 C_i 表示反馈线的两种可能连接方式,$C_i=1$ 表示连线接通,第 $n-i$ 级输出加入反馈中;$C_i=0$ 表示连线断开,第 $n-i$ 级输出未参加反馈。

因此,一般形式的线性反馈逻辑表达式为:

$$a_n = C_1 a_{n-1} \oplus C_2 a_{n-2} \oplus L \oplus C_n a_0 = \sum_{i=1}^{n} C_i a_{n-i} \qquad (8\text{-}14)$$

将等式左边的 a_n 移至右边,并将 $a_n = C_0 a_n (C_0=1)$ 代入上式,则上式可以写成:

$$0 = \sum_{i=0}^{n} C_i a_{n-1} \qquad (8\text{-}15)$$

定义一个与上式相对应的多项式

$$F(x) = \sum_{i=0}^{n} C_i x^i \qquad (8\text{-}16)$$

其中 x 的幂次表示元素的相应位置。该式为线性反馈移位寄存器的特征多项式,特征多项式与输出序列的周期有密切关系。当 $F(x)$ 满足下列三个条件时,就一定能产生 m 序列:

1) $F(x)$ 是既约的,即不能再分解因式。
2) $F(x)$ 可整除 x^m+1,这里 $m=2^n-1$。
3) $F(x)$ 不能整除 x^q+1,这里 $q<m$。

满足上述条件的多项式称为本原多项式,这样产生 m 序列的充要条件就变成了如何寻找本原多项式。

根据表 8-1 中的八进制的反馈系数,可以确定 m 序列发生器的结构。以 7 级 m 序列反馈系数 $C_i = (211)_8$ 为例,首先将八进制的系数转化为二进制的系数即 $C_i = (010001001)_2$,由此我们可以得到各级反馈系数分别为:$C_0=1$,$C_1=0$,$C_3=0$,$C_4=0$,$C_5=0$,$C_6=0$,$C_7=1$。由此就很容易地构造出相应的 m 序列发生器。根据反馈系数,其他级数的 m 序列的构造原理与上述方法相同。

表 8-1　　　　　　　　　　部分 m 序列的反馈系数表

级数 n	周期 P	反馈系数 C_i(采用八进制)
3	7	13
4	15	23
5	31	45,67,75

续表

级数 n	周期 P	反馈系数 C_i（采用八进制）
6	63	103,147,155
7	127	203,211,217,235,277,313,325,345,367
8	255	435,453,537,543,545,551,703,747
9	511	1021,1055,1131,1157,1167,1175
10	1023	2011,2033,2157,2443,2745,3471
11	2047	4005,4445,5023,5263,6211,7363
12	4095	10123,11417,12515,13505,14127,15053
13	8191	20033,23261,24633,30741,32535,37505
14	16383	42103,51761,55753,60153,71147,67401
15	32765	100003,110013,120265,133663,142305

下面通过实例来分析自相关特性。

图 8-16 所示为 4 级 m 序列的码序列发生器。假设初始状态为 0001，在时钟脉冲的作用下，逐次移位。$D3 \oplus D4$ 作为 D_1 输入，则 $n=4$ 码序列产生过程如图 8-16 所示。

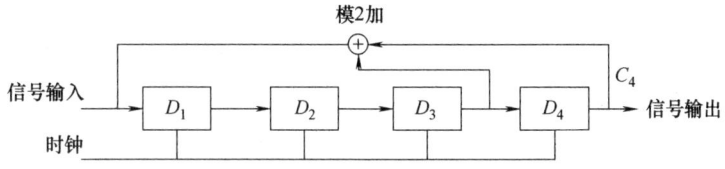

图 8-16 4 级 m 序列发生器

表 8-2　　　　　　　　　　4 级 m 序列产生状态表

时钟＼状态	D_1	D_2	D_3	D_4	$D_3 \oplus D_4$	输出序列
0	0	0	0	1	1	1
1	1	0	0	0	0	0
2	0	1	0	0	0	0
3	0	0	1	0	1	0
4	1	0	0	1	1	1
5	1	1	0	0	0	0
6	0	1	1	0	1	0
7	1	0	1	1	0	1
8	0	1	0	1	1	1
9	1	0	1	0	1	0

续表

时钟 状态	D_1	D_2	D_3	D_4	$D_3 \oplus D_4$	输出序列
10	1	1	0	1	1	1
11	1	1	1	0	1	0
12	1	1	1	1	0	1
13	0	1	1	1	0	1
14	0	0	1	1	0	1
15	0	0	0	1	1	1

由图 8-16 所示的移位寄存器产生的 4 级 m 序列为：100010011010111。

（2）m 序列的基本性质

1）均衡性。在 m 序列一个周期中"1"的个数比"0"要多 1 位，这表明序列平均值很小。

2）m 序列与其移位后的序列模 2 相加，所得的序列还是 m 序列，只是相位不同而已。例如：1110100 与向右移 3 位的序列 1001110 相对应模 2 相加后的序列为 0111010，相当于原序列向右移一位后的序列，仍为 m 序列。

3）m 序列发生器中移位寄存器的各种状态，除全 0 状态外，其他状态只在 m 序列中出现一次。

4）m 序列发生器中，并不是任何抽头组合都能产生 m 序列。理论分析指出，产生的 m 序列数由下式决定：

$$\Phi(2n-1)/n \tag{8-17}$$

其中 $\Phi(X)$ 为欧拉数。例如，5 级移位寄存器产生 31 位 m 序列只有 6 个。

5）m 序列具有良好的自相关性，其自相关系数：

$$\rho(j) = \begin{cases} 1 & j=0 \\ -\dfrac{1}{N} & j \neq 0 \end{cases} \tag{8-18}$$

从 m 序列的自相关系数可以看出 m 序列是一个狭义伪随机码，如图 8-17 所示。

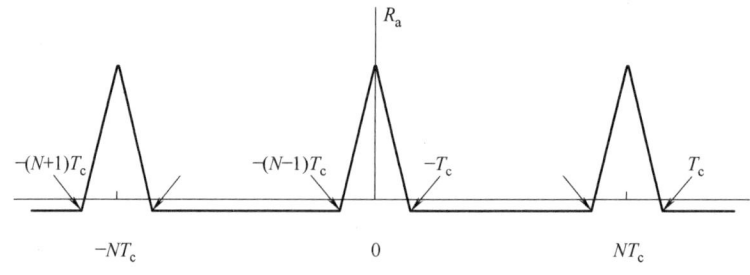

图 8-17 m 序列的自相关系数

8.4.2 扰码和解扰原理

当输入二进制信息码全部为 0 码时扰码器实际上就是一个 m 序列伪随机码发生器。

每个 m 序列都有其特征多项式,如果 m 序列由 n 级移位寄存器构成,那么它的特征多项式必须是 n 次的本原多项式。

扰码的目的是使短周期输入序列变为长周期的信道序列。从原则上看,就可以用将一个长周期序列叠加在输入序列上的方法来实现,并且叠加序列的周期越长越好。从理论上讲,一个真正的随机(二进制)序列的"周期"是无限长的,但是,采用这种序列时在接收端将无法产生相同的序列与之同步。所以,人们就不得不企图用简单电路来产生尽量长的序列。同时随机噪声在通信技术中是作为有损通信质量的因素受到人们重视的。信道中存在的随机噪声会使模拟信号产生失真,或使数字信号解调后出现误码;此外,它还是限制信道容量的一个重要因素。因此,最早人们是企图设计消除或减小通信系统的随机噪声,但是,有时人们也希望获得随机噪声。例如,在实验室中对通信设备或系统进行测试时,有时要故意加入一定的随机噪声,这时则需要产生它。

在通信中扰码技术的采用保证了对信息的透明性:即在发端加入扰码,在接收端可以从加扰的码流中恢复出原始的数据流,而对输入信息的模式无特殊要求。常用扰码器的实现可采用 m 序列进行。

假设 m 序列本征多项式 $G(x)=x^7+x^4+1$。在实际光纤通信设备中,为避免 m 序列发生器处于"闭锁"状态,即当输入序列为全"0"码时,移位寄存器各级的起始状态也恰好是"0",使输出序列也变成全"0",或当输入序列为全"1"码时,移位寄存器各级的起始状态也恰好是"1",使输出序列也变成全"1"。因此,在扰码器中加入有各级移位寄存器状态的监视电路。当发生特殊状态时,能自动补入一个"1"或一个"0"码,改变这种状态。当然,在解扰码器电路中也应通过电路扣除这个补入码。

应该指出,采用扰码技术会带来误码扩散,即在信道传输中出现一个误码时,在还原后的序列中会出现多个误码,使信道误码率增加。在误码率不高时,误码扩散数近似扰码器所对应的模 2 加算式的项数。因此,为减少误码扩散,应尽量减少 m 序列产生器的反馈抽头数。

扰码器是在发端使用移位寄存器产生 m 序列,然后将信息序列与 m 序列作模 2 加,其输出即为加扰的随机序列。一般扰码器的结构如图 8-18 所示。

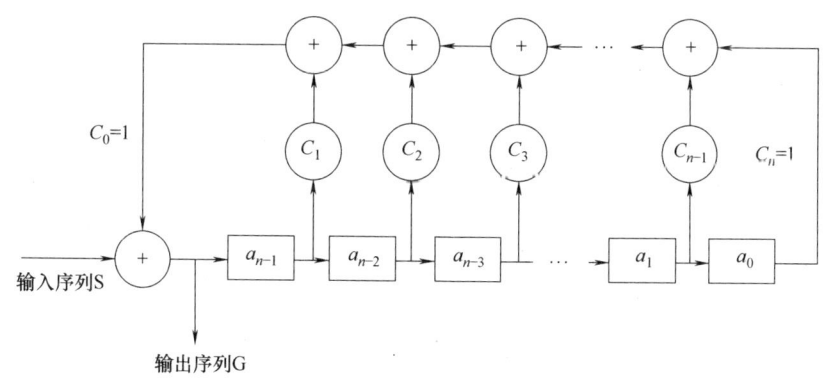

图 8-18　扰码器组成结构图

解扰器(也称去扰器)是在接收机端使用相同的扰码序列与收到的被扰信息作模 2 加,使原信息得到恢复,其结构如图 8-19 所示。

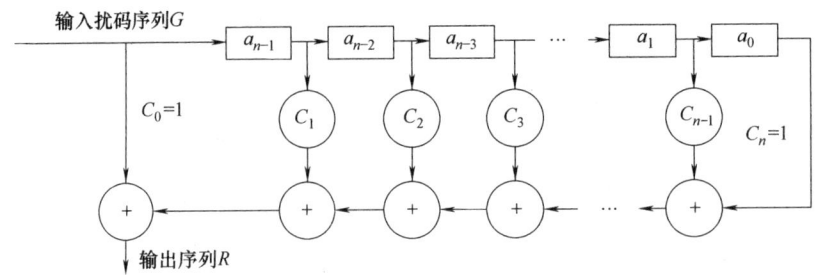

图 8-19　解扰器组成结构图

8.5　眼图

为了衡量基带传输系统性能的优劣，通常用示波器观察接收信号波形的方法来分析码间串扰和噪声的影响，这就是眼图分析法，如图 8-20 所示。

如果将输入波形输入示波器的 y 轴，并且当示波器的水平扫描周期和码元定时同步时，在示波器上显示的图形很像人的眼睛，因此被称为眼图。

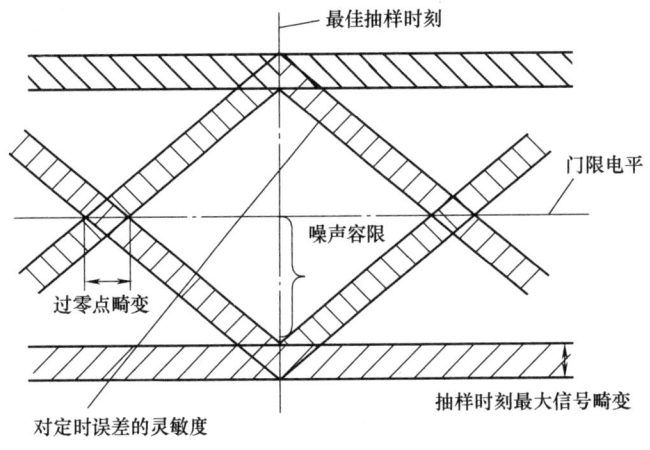

图 8-20　眼图

在无码间串扰和噪声的理想情况下，波形无失真，"眼"开启得最大。当有码间串扰时，波形失真，引起"眼"部分闭合。若再加上噪声的影响，则使眼图的线条变得模糊，"眼"开启得小了，因此，"眼"张开的大小表示了失真的程度。由此可知，眼图能直观地表明码间串扰和噪声的影响，可评价一个基带传输系统性能的优劣。另外也可以用此图形对接收滤波器的特性加以调整，以减小码间串扰和改善系统的传输性能。

思考与练习

一、思考题

1. 什么是码间串扰？它对通信质量有什么影响？

2. 为了消除码间串扰，对传输波形有什么要求？
3. 使用抽样值无码间串扰的波形时，基带传输系统的传输特性应满足什么条件？
4. 奈奎斯特第一准则的内容是什么？
5. 理想低通传输系统和具有升余弦滚降特性的基带传输系统相比较，在可实现性、最大频带利用率 η_b、拖尾衰减速度等方面有哪些区别？
6. 何谓眼图？它有什么用处？

二、填空题

1. 理想低通信号的时域波形是函数，频谱衰减特性为（　　）。
2. 升余弦信号的时域波形是函数的加权函数，频谱衰减特性为（　　）。
3. 无串扰传输码元速率为 R_s 的信号时，传输系统所需的最窄带宽为（　　），二元码时传输系统的最高频带利用率为（　　）。
4. 当二进制码元速率为 R_s 时，滚降系数为 α 的升余弦信号的传输带宽和频率利用率分别为（　　）。

三、计算题

1. 设数字基带信号的码元间隔为 T，基带传输系统的传递函数 $H(\omega)$ 如图 8-21 所示，试问有无码间串扰，说明原因。

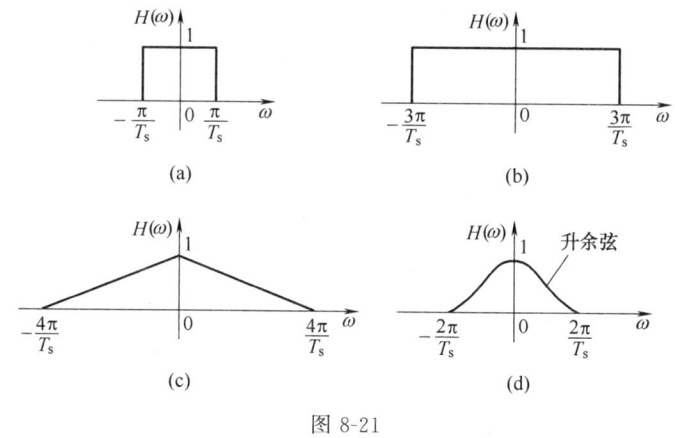

图 8-21

2. 二进制数字基带信号的信息速率 $R_b=1\times 10^3 \text{bit/s}$。为实现无串扰传输，图 8-22 列出 3 种传输特性。

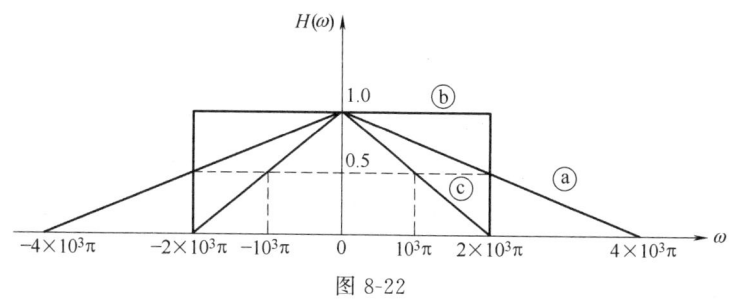

图 8-22

(1) 这 3 种传输特性是否满足无串扰传输的条件？
(2) 试比较它们的带宽和可实现性。
(3) 其中哪一种传输特性较好？简要说明理由。

3. 已知信息代码为 100000000011，求相应的 AMI 码和 HDB_3 码。

4. 已知 HDB_3 码为 $0+100-1000-1+1000+1-1+1-100-1+100-1$，试译出原信息代码。

5. 设某二进制数字基带信号的基本脉冲如图 8-23 所示。图中 T_b 为码元宽度，数字信息 "1" 和 "0" 分别用 $g(t)$ 的有无表示，它们出现的概率分别为 P 及 $(1-P)$：
(1) 求该数字信号的功率谱密度，并画图。
(2) 该序列是否存在离散分量 $f_b=1/T_b$？
(3) 该数字基带信号的带宽是多少？

6. 设某二进制数字基带信号的基本脉冲为三角形脉冲，如图 8-24 所示。图中 T_b 为码元宽度，数字信息 "1" 和 "0" 分别用 $g(t)$ 的有无表示，且 "1" 和 "0" 出现的概率相等：
(1) 求该数字信号的功率谱密度，并画图。
(2) 能否从该数字基带信号中提取 $f_b=1/T_b$ 的位定时分量？若能，试计算该分量的功率。
(3) 该数字基带信号的带宽是多少？

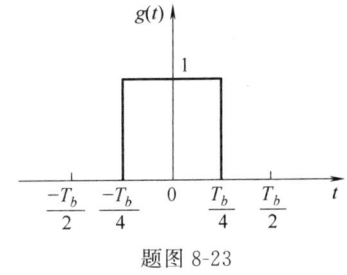

题图 8-23 题图 8-24

7. 设基带传输系统的发送滤波器、信道、接收滤波器组成总传输特性为 $H(\omega)$，若要求以 $2/T_b$ 波特的速率进行数据传输，试检验图 8-25 各种系统是否满足无码间串扰条件？

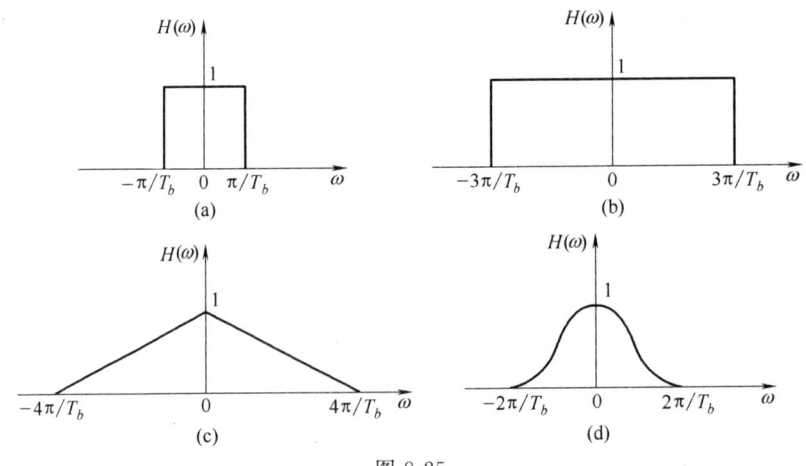

图 8-25

8. 已知滤波器的 $H(\omega)$ 具有如图 8-26 所示的特性（码元速率变化时特性不变），当采用以下码元速率时：

(a) 码元速率 $R_B = 500$ Baud

(b) 码元速率 $R_B = 1000$ Baud

(c) 码元速率 $R_B = 1500$ Baud

(d) 码元速率 $R_B = 2000$ Baud

问：(1) 哪种码元速率不会产生码间串扰？

(2) 如果滤波器的 $H(\omega)$ 改为图 8-27，重新回答 (1)。

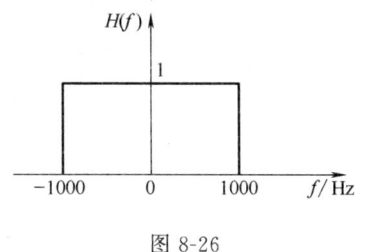

图 8-26   图 8-27

9. 设由发送滤波器、信道、接收滤波器组成二进制基带系统的总传输特性 $H(\omega)$ 为

$$H(\omega) = \begin{cases} \tau_0(1+\cos\omega\tau_0), & |\omega| \leqslant \dfrac{\pi}{\tau_0} \\ 0, & \text{其他 } \omega \end{cases}$$

试确定该系统最高传码率 R_B 及相应的码元间隔 T_b。

10. 已知基带传输系统的发送滤波器、信道、接收滤波器组成总特性如图 8-28 所示的直线滚降特性 $H(\omega)$，其中 α 为某个常数（$0 \leqslant \alpha \leqslant 1$）：

(1) 检验该系统能否实现无码间串扰传输。

(2) 试求该系统的最大码元传输速率为多少？这时的频带利用率为多大？

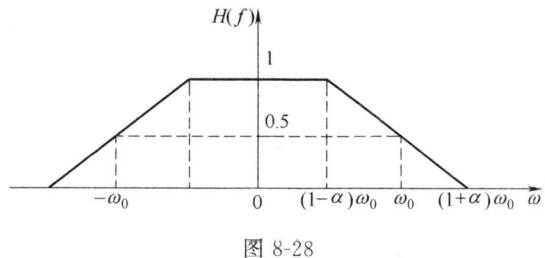

图 8-28

9 数字信号的频带传输

数字信号的传输可以分为基带传输和频带传输两种，基带传输已在第 8 章中叙述，频带传输就是将基带信号的频谱搬移到某个载频频带再进行传输的方式。这种适合于信道传输的信号频谱搬移过程，以及在接收端将被搬移的信号频谱恢复成原始基带信号的过程，称为数字信号的调制与解调。

应该指出，在"模拟调制"与"数字调制"之间，就调制的目的与原理而言，两者并没有什么区别。因为数字的基带信号是模拟基带信号的一种特定形式。因此，数字调制可以认为是模拟调制中的一个特例。然而，数字调制有自身的特点，就是利用数字信号本身的规律性（时间离散、幅度离散等）去控制一定形式的载波而实现调制的一种方法。利用矩形的基带脉冲序列去控制正弦波的振幅、频率和相位，就可以获得振幅键控（ASK）、频移键控（FSK）或相移键控（PSK）。因而，数字调制可分为数字调幅、数字调频和数字调相三个基本类型。

本章主要叙述三种基本的二进制数字调制的原理和性能，并且简要介绍几种典型的多进制数字调制，以及调制解调器（Modem）的一般形式。

9.1 二进制幅度键控（2ASK）

幅度键控是指载波幅度受二进制单极性不归零（NRZ）信号控制。与二进制数"1"或"0"相对应，载波传输变为时通时断，所以二进制幅度键控（2ASK）又称通—断键控（OOK）。

9.1.1 2ASK 信号产生及其功率谱

2ASK 信号的时域表达，可用两个不同码元波形分别表示为：

$$S_1(t) = A\cos\omega_c t \quad (0 \leqslant t \leqslant T_b)$$
$$S_2(t) = 0$$

波形如图 9-1 所示。对于随机单极性数字基带序列表示为：

$$b(t) = \sum_n a_n g(t - nT_b) \quad (9\text{-}1)$$

式中二进制数据序列 $\{a_n\}$ 取值为 0 或 1。在图 9-1 中 $g(t)$ 为基准矩形脉冲，T_b 为脉冲宽度。这时 2ASK 信号序列表示为：

$$S_{ASK}(t) = b(t)\cos\omega_c t = \left[\sum_n a_n g(t - nT_b)\right]\cos\omega_c t$$

(9-2)

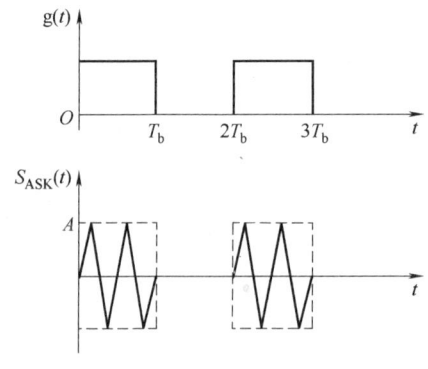

图 9-1　2ASK 信号波形

从原理上说，2ASK 信号调制器如图 9-2（a）所示。实际实现的键控方法如图 9-2（b）所示，一个载波源被一个开关源通断控制即可。

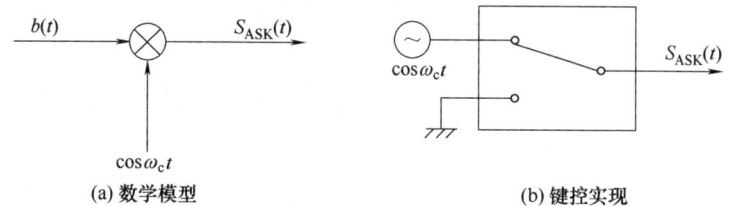

(a) 数学模型　　　　　　　　　　(b) 键控实现

图 9-2　2ASK 信号调制器

由式（9-2）知，2ASK 信号类似于 AM 信号，是一种双边带信号。下面讨论它的功率谱特性。

假设载波有一个均匀分布随机初相 θ，由平稳过程的相关分析，2ASK 信号的自相关函数为：

$$S_{ASK}(\tau) = \frac{1}{2} R_b(\tau) \cos\omega_c \tau \qquad (9\text{-}3)$$

式中 $R_b(\tau)$ 是单极性数字序列 $b(t)$ 的自相关函数。按傅里叶变换的频移性质，由式（9-3）可得 2ASK 信号的功率谱为：

$$S_{ASK}(f) = \frac{1}{4}[S_b(f+f_c) + S_b(f-f_c)] \qquad (9\text{-}4)$$

式中 $S_b(f)$ 是 $R_b(\tau)$ 的傅里叶变换式。

设随机单极性数字基带序列 $b(t)$ 是一个广义平稳过程，其中二进制数据序列 $\{a_n\}$ 取值为 0 或 1，并且等概率出现，$g(t)$ 是矩形脉冲波形，则 $b(t)$ 的自相关函数为：

$$R_b(\tau) = \begin{cases} \dfrac{1}{4} + \dfrac{1}{4}\left(1 - \dfrac{|\tau|}{T_b}\right) & |\tau| \leqslant T_b \\ \dfrac{1}{4} & |\tau| > T_b \end{cases} \qquad (9\text{-}5)$$

功率谱函数为：

$$S_b(f) = \frac{1}{4}\delta(f) + \frac{1}{4}S_D(f) \qquad (9\text{-}6)$$

其中

$$S_D(f) = T\left(\frac{\sin\pi f T_b}{\pi f T_b}\right)^2 \qquad (9\text{-}7)$$

将式（9-6）代入式（9-4）中，得到 2ASK 信号功率谱为：

$$\begin{aligned} S_{ASK}(f) = & \frac{1}{16}[\delta(f+f_c) + \delta(f-f_c)] \\ & + \frac{1}{16}[S_D(f+f_c) + S_D(f-f_c)] \end{aligned} \qquad (9\text{-}8)$$

$S_b(f)$ 和 $S_{ASK}(f)$ 的形状如图 9-3（a）和（b）所示。

从图 9-3 可见，$S_{ASK}(f)$ 功率谱的带宽是无限的，工程上可以取它的第一个零点与坐标原点之间的谱宽定为基带信号的带宽。显然其值为：

$$BW = \frac{1}{T_b} = R_b \qquad (9\text{-}9)$$

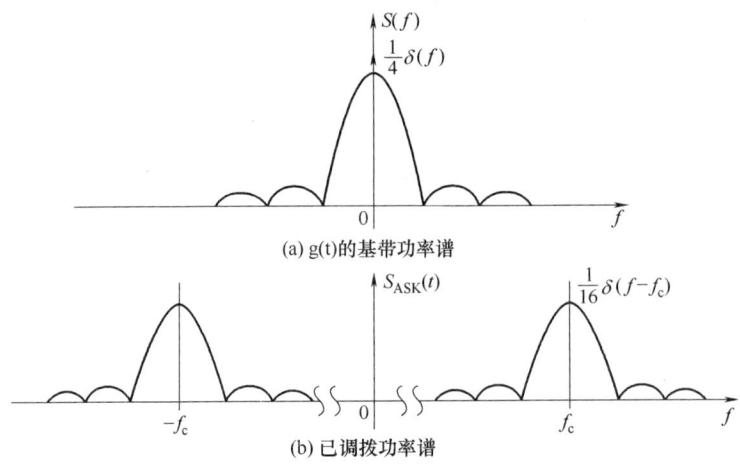

图 9-3 $g(t)$ 的基带功率谱和已调波功率谱

而将 $B_T=2BW$ 称为主瓣带宽。式中 R_b 为二进制码元速率。这种带宽定义法,对于很多信号具有十分明显的标志性。图中同时标出第一旁(副)瓣功率谱的幅度,它相对于主瓣为-14dB。假如它落在相邻信道内,则成为邻道信号的一种干扰。

同时,从频域来讲,幅度键控的作用是将基带信号频谱搬移到以载波频率 f_c 为中心的频带内,调幅后产生上、下两个边带,每个边带都是基带频谱的线性搬移。它的频谱结构和各个频率分量的相对关系并没有发生实质性的变化,因此,这种调制也属于线性调制。

9.1.2 2ASK 信号的解调

2ASK 信号的解调如同模拟幅度调制信号一样,有两种解调方法:一种是非相干解调,即包络检波;另一种是相干解调。

(1) 非相干解调

非相干解调方框图如图 9-4 (a) 所示。图中输入信号 $x_i(t)$ 中包含有 2ASK 信号的高斯白噪声 $n_i(t)$,带通滤波器用以通过所需的频带并限制噪声。检波器采用包络检波器。低通滤波器是将波形平滑,并滤去高频端噪声。取样判决电路是使接收到的脉冲只在时钟到达的瞬时进行取样,并对应一定的门限值而判决为"1"或"0"信号。

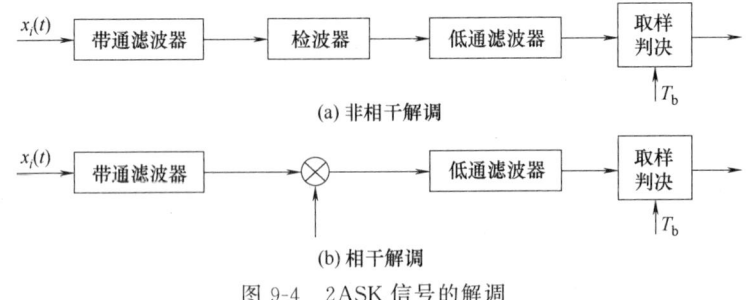

图 9-4 2ASK 信号的解调

(2) 相干解调

相干解调如图 9-4 (b) 所示。图中用乘法器替代非相干解调的包络检波器,同时需要一个本地载波，它的频率和相位与输入信号一致。

9.2 二进制频移键控（2FSK）

二进制频移键控是指已调信号载波频率受二进制信号控制，对应二进制的"1"（又称传号），载波频率为 f_1；对应二进制的"0"（空号），载波频率为 f_0。

9.2.1 2FSK 信号产生及其功率谱

2FSK 信号的两个码元波形表达式为：

$$\begin{cases} S_1(t) = A\cos\omega_1 t \\ S_2(t) = A\cos\omega_0 t \end{cases} \quad 0 \leqslant t \leqslant T_b \tag{9-10}$$

式中，
$$\text{传号角频率}: \omega_1 = \omega_c + \omega_d$$
$$\text{空号角频率}: \omega_0 = \omega_c - \omega_d \tag{9-11}$$

这里，ω_d 是载波偏移角频率。

从 2FSK 信号波形看，由于调制方案不同，可分为两种 FSK 波形：一种是相位不连续 FSK；另一种是相位连续 FSK，如图 9-5 所示。

(1) 相位不连续 FSK 信号

产生相位不连续 2FSK 信号的调制方案如图 9-6（a）所示。图中由两个独立载波振荡源受电子开关控制产生输出波形，由于两个振荡源的相位独立，在码元变号时刻是不连续的，有跳变。

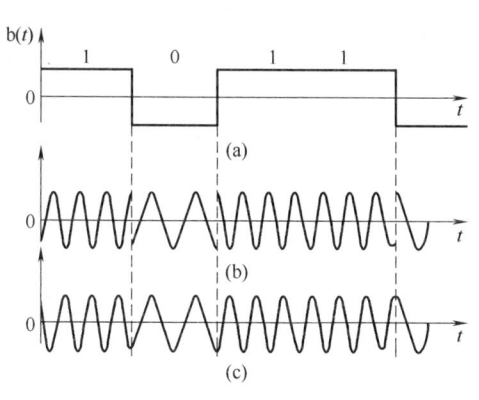

图 9-5 2FSK 信号波形

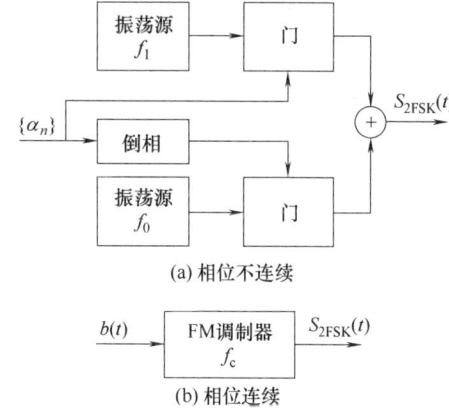

图 9-6 FSK 信号产生

从相位不连续 2FSK 信号看，它可以看作是两个不同载波的 2ASK 波形的叠加：

$$S_{FSK}(t) = S_{1ASK}(t) + S_{0ASK}(t)$$
$$= \sum_n a_n g(t-nT_b)\cos(\omega_1 t + \theta_1) + \sum_n \overline{a_n} g(t-nT_b)\cos(\omega_0 t + \theta_0) \tag{9-12}$$

式中 $\overline{a_n}$ 是 a_n 的反码，θ_1 和 θ_0 是两个载波的初相。

从讨论 2ASK 的信号功率谱的过程，写出对应 $S_{1ASK}(t)$ 的功率谱 $S_{1ASK}(f)$ 和 $S_{0ASK}(t)$ 的功率谱 $S_{0ASK}(f)$，即

$$S_{1ASK}(t) = \frac{1}{16}\left[\delta(f+f_1)+\delta(f-f_1)+S_D(f+f_1)+S_D(f-f_1)\right]$$

$$S_{0ASK}(f) = \frac{1}{16}\left[\delta(f+f_0)+\delta(f-f_0)+S_D(f+f_0)+S_D(f-f_0)\right]$$

因此，2FSK 信号的功率谱写成单边形式有：

$$S_{FSK}(f) = \frac{1}{8}\left[S_D(f-f_1)+S_D(f-f_0)+\delta(f-f_1)+\delta(f-f_0)\right] \tag{9-13}$$

式中 $S_D(f)$ 计算式同式（9-7），图形如图 9-7 所示。

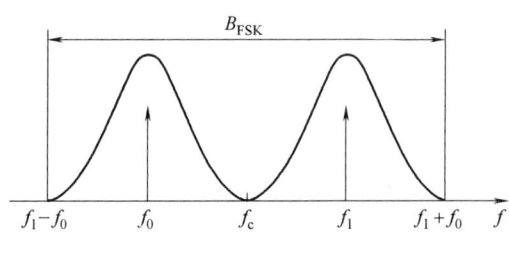

图 9-7 2FSK 信号功率谱（单边）

从式（9-13）可以看到：第一，FSK 信号的功率与 ASK 的功率谱相似，同样由连续谱和离散谱组成，其中连续谱由两个双边带叠加而成，而离散谱则出现在两个载频位置上。第二，若两个载频之差较小，比如小于 $R_b = \frac{1}{T_b}$，则连续谱出现单峰；若载频之差逐渐增大，即 f_1 与 f_0 的距离增加，则连续波将出现双峰，这点可参看图 9-7。第三，根据主瓣带宽概念，相位不连续 2FSK 信号的带宽约为：

$$B_T = 2f_d + 2R_b \tag{9-14}$$

式中，$f_d = \frac{1}{2}(f_1-f_0)$ 为频偏，R_b 为二进制码元速率。

（2）相位连续 FSK 信号

相位连续 FSK 信号的调制方案为直接调频法，用双极性基带数字信号 $b(t)$ 作为调制信号，载波为 $\cos\omega_c t$，如图 9-6（b）所示。调制器输出为 2FSK 相位连续波形，如图 9-5（c）所示。相位连续 2FSK 的时域表达式为：

$$S_{FSK}(t) = A\cos\left[\omega_c t + \Delta\omega\int_0^T b(\tau)d\tau\right] \tag{9-15}$$

式中，$\Delta\omega = 2\pi f_d$ 为频偏系数 K_f，基带数字信号为：

$$b(t) = \sum_n a_n g(t-nT_b)$$

其中 a_n 的可能取值为 ± 1，$g(t)$ 是幅度为 1 的矩形脉冲。式（9-15）中的瞬时相位为：

$$\theta(t) = \omega_c t + \Delta\omega\int_0^T b(\tau)d\tau \tag{9-16}$$

尽管 $b(t)$ 随着数字信号序列变化，它的相位是跳变的，不连续的。但是 $\theta(t)$ 是连续的，因为它是 $b(t)$ 的积分。瞬时角频率为：

$$\omega(t) = \omega_c + \Delta\omega \cdot b(t) = \omega_c + \Delta\omega\sum_n a_n g(t-nT_b) \tag{9-17}$$

它表达了 2FSK 信号的频移变化。所以，这种 2FSK 信号的相移是连续变化的，频率是跳变的。

与模拟系统 FM 相仿，定义一个移频指数：

$$h = \frac{f_1-f_0}{R_b} = \frac{2f_d}{R_b} \tag{9-18}$$

其意义与频率偏移比 m_f 相当。

相位连续 FSK 信号的功率谱与相位不连续的有所不同，由于 $b(t)$ 与 $S_{FSK}(t)$ 的非线性关系，使得功率谱分析计算变得复杂困难，这里不再引用。

9.2.2 2FSK 信号的解调

2FSK 信号的解调分为相干解调和非相干解调两种。

（1）非相干解调

非相干解调的系统组成如图 9-8（a）所示。图中系统由两路带通滤波器组成，带通滤波器 BPF_1 的中心频率为传号频率 f_1，称 f_1 支路，通过包络检波器和取样电路完成解调。带通滤波器 BPF_2 的中心频率为空号频率 f_0，称 f_0 支路，同样通过包络检波器和取样电路完成 f_0 支路解调。在 2FSK 信号解调过程中，如果 f_1 支路输出电压大于 f_0 支路的输出电压，则判决"1"，否则判决"0"。因此，它没有固定的判决门限值。

（2）相干解调

相干解调的系统组成如图 9-8（b）所示。图中同样采用两路带通滤波器，信号经过带通滤波器后进

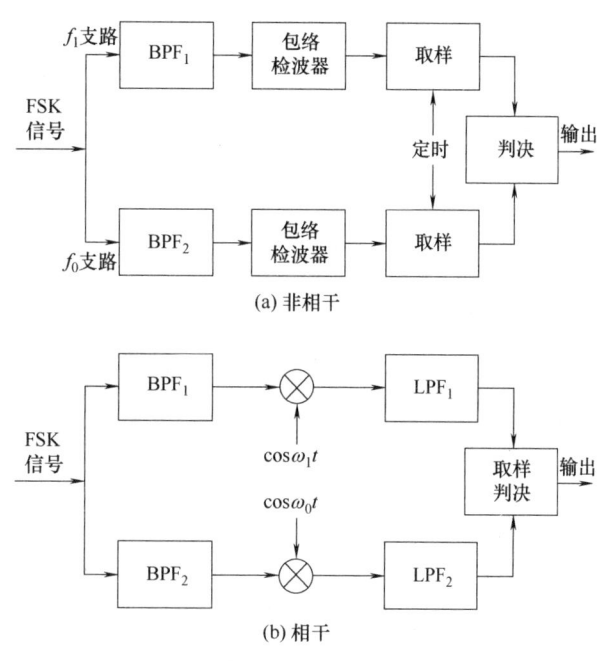

图 9-8 FSK 信号的解调

入相乘器的解调电路，这里需要两个本地载波 $\cos\omega_1 t$ 和 $\cos\omega_0 t$。在解调过程中，当收到 f_1 频率信号时，信号通过带通滤波器与本地载波 $\cos\omega_1 t$ 相乘，输出得到 $[\cos 2\pi f_1 t]^2$ 成分，该成分中除了含有 $2\times 2\pi f_1$ 频率信号外，还有直流成分。这一直流成分通过低通滤波器（LPF），它就代表输出信号。另外，f_0 支路中，只有噪声通过（因为 f_1 频率信号不能通过 f_0 支路的带通滤波器）。因而，f_1 支路输出信号一定大于 f_0 支路输出的噪声，得到正确的判决。当收到 f_0 频率信号时，情况正好相反，同样在取样判决电路中得到正确判决。

9.3 二进制相移键控（2PSK）

2PSK 是指已调信号载波的相位受二进制信号控制。例如，用两个相位不同 0°和 180°而频率相同的振荡波形分别代表两个数字信息。

9.3.1 2PSK 信号的产生和功率谱

根据载波相位变化，2PSK 信号可表示为：

$$S_{PSK}(t) = \begin{cases} A\cos(\omega_c t + 0) = A\cos\omega_c t \\ A\cos(\omega_c t + \pi) = -A\cos\omega_c t \end{cases} \quad 0 \leqslant t \leqslant T_b \tag{9-19}$$

也可表示为（$A=1$）：

$$S_{PSK}(t) = \left[\sum_n a_n g(t - nT_b)\right]\cos\omega_c t \tag{9-20}$$

当二进制数字信号速度 $\frac{1}{T_b}$ 与载波频率 f_c 有确定倍数关系时，2PSK 波形如图 9-9 所示。

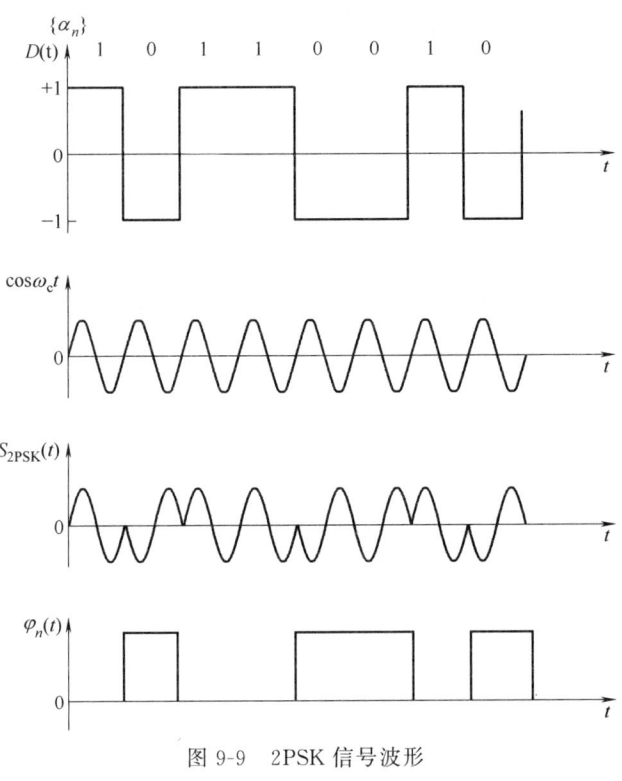

图 9-9 2PSK 信号波形

从图中波形可见，2PSK 是一种振幅和频率都不变而相位取离散数值的调相信号。基于这个特点，2PSK 信号的产生可以采用乘法器，或者用相位选择法进行调相。相位选择法原理如图 9-10 所示。

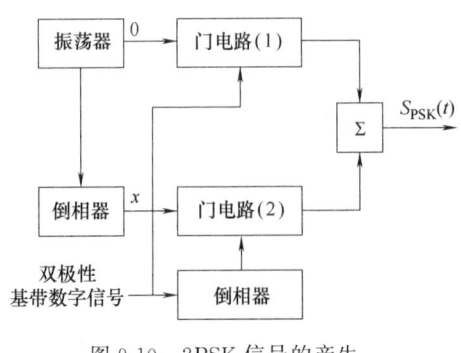

图 9-10 2PSK 信号的产生

从图 9-10 可知，不管二进制序列采用"0"和"1"，或者±1，从在调制器中产生的 2PSK 波形看，实际上数字信号序列都是双极性的。因而，当 $g(t)$ 是矩形脉冲时，2PSK 的功率谱与 2ASK 的功率谱形状相同。

由于 2ASK 信号的二进制序列采用单极性，因而平均功率有直流分量，反映在功率谱上有冲激离散谱线。2PSK 信号是采用双极性数字信号序列，平均功率中无直流分量，因而在 2PSK 功率谱中没有冲激离散谱线，只有连续谱线，所以 2PSK 信号的功率谱表达式为：

$$S_{PSK}(f) = \frac{1}{4}[S_D(f-f_c) + S_D(f+f_c)] \quad (9-21)$$

式中，$S_D(f)$ 是基带信号功率谱，计算式同式 (9-7)。那么，2PSK 的主瓣带宽为：

$$B_T = \frac{2}{T_b} = 2R_b \quad (9-22)$$

式中，R_b 为基带信号信息速率。

9.3.2 2PSK 信号的解调

对于调相信号来说，信息包含在相位中，在识别它们时必须依据相位，因此必须采用相干解调。一般的解调电路原理如图 9-11 所示。

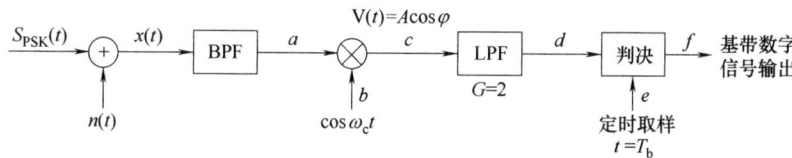

图 9-11 PSK 信号的相干解调

信号经过带通滤波器后，进入相干解调电路。当不考虑信道噪声时，带通滤波器的输入信号 $x(t) = S_{2PSK}(t)$，即

$$x(t) = S_{2PSK}(t) = A\cos(\omega_c t + \varphi)$$

式中，当 $\varphi = 0$ 时，表示二进制数字序列 a_n 为 1；

当 $\varphi = \pi$ 时，表示二进制数字序列 a_n 为 0。

乘法器输出：

$$x(t)2\cos\omega_c t = A\cos(\omega_c t + \varphi) \cdot 2\cos\omega_c t$$
$$= A\cos\varphi + A\cos(2\omega_c t + \varphi)$$

低通滤波器输出：

$$V(t) = A\cos\varphi$$

取样值 $V(T_b)$，当 $V(T_b) > 0$，判为 1；当 $V(T_b) < 0$，判为 0。这样，就恢复原二进制数字序列，完成解调过程。

在 2PSK 的解调过程中，最关键的问题是产生一个与接收信号同频同相的本地载波，也就是如何从接收到的数字调相信号中提取出载波振荡。如图 9-12 所示的是提取载波产生相干信号的一种方法。图中将调相信号 $X(t)$ 进行整流（倍频），产生频率为 $2f_c$ 的二次谐波，再用滤波器把 $2f_c$ 分量滤出，再经二次分频就可以得到频率为 f_c 的相干载波振荡。这种方法称为载波提取。

应该提出，将 $2f_c$ 的振荡分频以产生频率 f_c 的振荡时，后者的初相位是不确定的，它可能是"0"

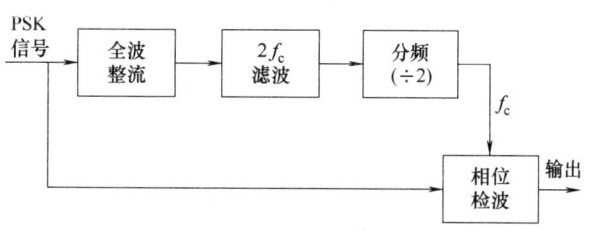

图 9-12 载波提取原理框图

相，也可能是"π"相。这样在解调过程中，判决后的数字序列结果，可能完全颠倒，这种现象通常称为相位模糊。

为了解决 2PSK 解调时的相位模糊问题，可以采用相对调相的调制方案。数字调相方式通常分为绝对调相和相对调相两种方案。上面讨论的 2PSK 就是绝对调相，它是利用载波的不同相位直接去表示数字序列信息的，即用未调载波的相位作为基准的调相。下面来讨论相对调相的调制方案。

9.3.3 二进制差分相移键控（2DPSK）

相对调相是利用载波的相对相位值表示数字序列信息的一种方式。它的调制规律就是以相邻的前一码元的载波相位为基准来确定当前码元的载波相位取值。例如，当某一码元取"0"时，它的载波相位与前一码元的载波相位相反（相移为"π"）；码元为"1"时，则其载波相位与前一码元的相位相同（相移为"0"）。可见相对调相是利用前后码元的载波相位的相对变化来传递信息的，故又称为差分调相，记为 DPSK。实现这一方案的办法，是在绝对调相的基础上，在发送端加上差分编码，在接收端加上差分译码。2DPSK 调制器和其波形如图 9-13 所示。

从图可知，差分编码规则为

$$b_n = \overline{a_n \oplus b_{n-1}} \quad (9-23)$$

式中，b_n 为相对码，a_n 为绝对码。

2DPSK 信号的解调原理如图 9-14 所示，图示的解调方式是一种相位比较法，它是利用直接比较前后码元的相位差的思想而构成的，这种方法称为差分相干解调法。差分相干解调省去了本地载波，因而电路比较简单。

设带通滤波器输入 $S(t) = S_{DPSK}(t)$；

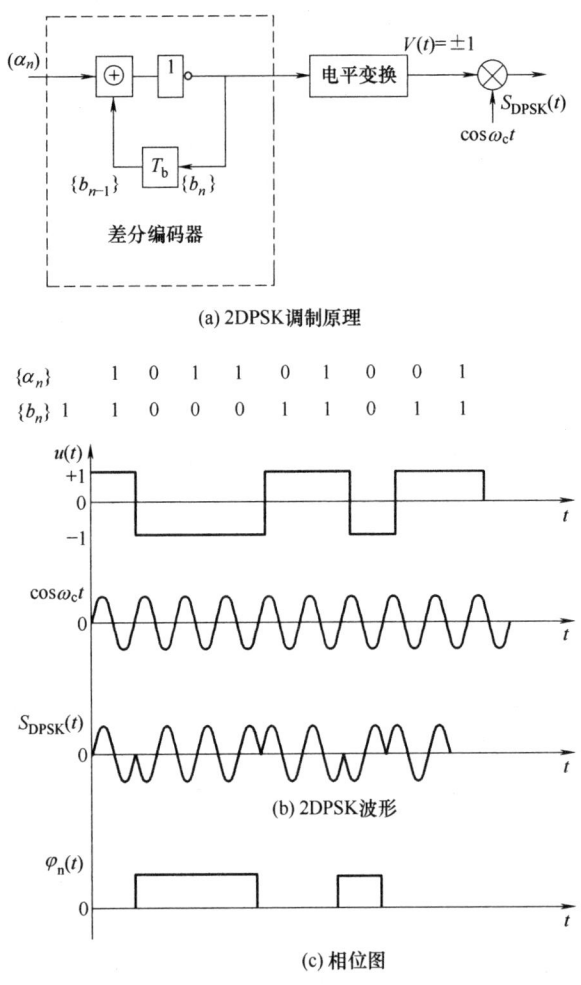

图 9-13 2DPSK 调制原理及其波形相位图

第 n 个码元时 $S_n(t) = A\cos(\omega_c t + \varphi_n)$；

第 $n-1$ 个码元时 $S_{n-1}(t) = A\cos(\omega_c t + \varphi_{n-1})$；

其中 φ_n 和 φ_{n-1} 分别为第 n 个和第 $n-1$ 个码元绝对调相时的相位。乘法器输出：

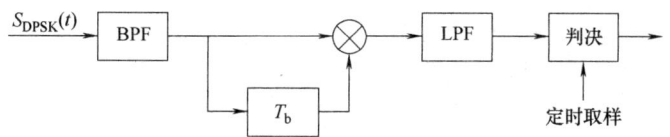

图 9-14 2DPSK 的差分相干解调原理框图

$$S_n(t) \times S_{n-1}(t) = \frac{A^2}{2}[\cos(\varphi_n - \varphi_{n-1}) + \cos(2\omega_c t + \varphi_n + \varphi_{n-1})]$$

低通滤波器输出：

$$V(t) = \frac{A^2}{2}\cos(\varphi_n - \varphi_{n-1})$$

取样判决：

当 φ_n 和 φ_{n-1} 同相时，$V(T_b) = \frac{A^2}{2}$，判为"1"；

φ_n 和 φ_{n-1} 反相时，$V(T_b) = -\frac{A^2}{2}$，判为"0"。

将图 9-13 的绝对码 a_n 和相对码 b_n，以及图 9-13（c）的相位图与解调结果列于表 9-1。

表 9-1 差分相干解调

绝对码 $\{a_n\}$		1	0	1	1	0	1	0	0	1
相对码 $\{b_n\}$	1	1	0	0	0	1	1	0	1	1
调相相位 $\varphi_n(t)$	0	0	π	π	π	0	0	π	0	0
解调 $V(T_b)$		1	0	1	1	0	1	0	0	1

9.4 改进型数字调制

为了提高通信系统的频带利用率和抗噪声性能，在基本的二进制数字调制基础上，出现了许多数字调制的改进方式，如多进制键控（MASK，MFSK，MPSK）、正交幅度调制（QAM）、最小频移键控（MSK）、正交部分响应键控（QPRK）和格状编码调制（TCM）等。

9.4.1 多进制相移键控（MPSK）

多进制相移键控（MPSK）通常采用 2^n 相制（$n=1,2,\cdots$）表示。当 $n=2$，为 4 相制；$n=3$ 时，为 8 相制等。图 9-15 给出了 2 相、4 相、8 相数字调制方式的向量图。根据原 CCITT 建议，2 相、4 相和 8 相制的相位状态各有两种方式。

$$2\text{PSK}\begin{cases} A\text{ 方式}:0,\pi \\ B\text{ 方式}:\frac{\pi}{2},-\frac{\pi}{2} \end{cases}$$

$$4\text{PSK}\begin{cases} A\text{ 方式}:0,\frac{\pi}{2},\pi,\frac{3\pi}{2} \\ B\text{ 方式}:\frac{\pi}{4},\frac{3\pi}{4},\frac{5\pi}{4},\frac{7\pi}{4} \end{cases}$$

$$8PSK\begin{cases}A\ 方式：\dfrac{\pi}{4},\dfrac{\pi}{2},\dfrac{3\pi}{4},\pi,\dfrac{5\pi}{4},\dfrac{3\pi}{2},\dfrac{7\pi}{4},2\pi\\ B\ 方式：\dfrac{\pi}{8},\dfrac{3\pi}{8},\dfrac{5\pi}{8},\dfrac{7\pi}{8},\dfrac{9\pi}{8},\dfrac{11\pi}{8},\dfrac{13\pi}{8},\dfrac{15\pi}{8}\end{cases}$$

它们的向量图如图 9-15（a）和（b）所示。

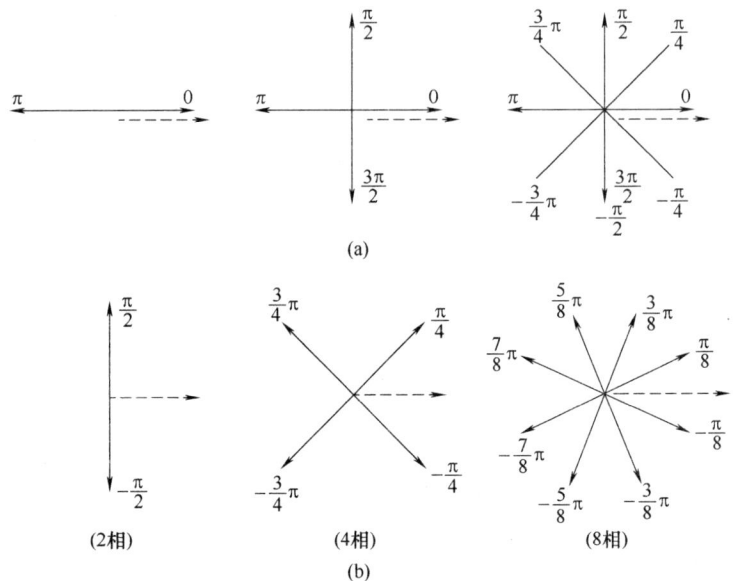

图 9-15 多相制的两种向量图

（1）4 相相移键控（4PSK、QPSK）

在多相调制时，若将输入二进制基带信号按 2^n 相的相位进行编码，则须将输入序列每 n 比特编为一组，并由 n 比特构成的 2^n 种组合分配给 2^n 个相位。对于 4 进制的相位键控，$2^n=4$ 种组合，即 00，01，10，11 4 种，每种组合代表一个 4 进制符号，然后就可以采用 4 个不同载波的相位表示。4 个可能符号表示为：

$$S_i(t)=A\cos(\omega_c t+\varphi_i) \tag{9-24}$$
$$0\leqslant t\leqslant T_s,\ i=0,1,2,3$$

式中 T_s 表示由两个二进制信息码元组成的符号宽度，当信息码元长度为 T_b 时，则 $T_s=2T_b$。式（9-24）表示的 4 个可能信号可以形象地用几何空间图描述。在相位平面图上，画一个单位圆，根据相角 φ_i 得到 4 个点，分别表示信号的时域表达式，如图 9-16 所示。用几何空间图来描述不同信号，通常称它为信号的星座图。当 M 相很大时，信号的星座图特别有用。

根据 2PSK 信号时域表达式（9-19），4PSK 信号的时域表达式可表示为：

$$S_{4PSK}(t)=\sum_n g(t-nT_s)\cos[\omega_c t+\varphi(n)] \tag{9-25}$$

式中 T_s 为四进制符号宽度，$g(t)$ 表示符号基准脉冲，$\varphi(n)$ 对应四种符号相位，将式（9-25）展开：

$$S_{4PSK}(t)=\sum_n g(t-nT_s)[\cos\varphi(n)\cos\omega_c t-\sin\varphi(n)\sin\omega_c t] \tag{9-26}$$
$$=I(t)\cos\omega_c t-Q(t)\sin\omega_c t$$

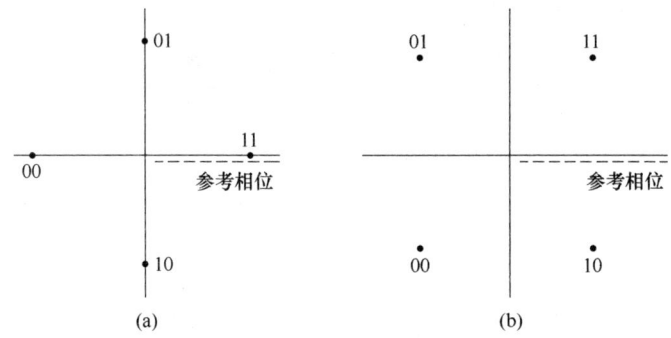

图 9-16 4PSK 信号星座图

式中

$$X_n = \cos\varphi(n)I(t) = \sum_n X_n g(t-nT_s)$$
$$Y_n = \sin\varphi(n)Q(t) = \sum_n Y_n g(t-nT_s)$$ (9-27)

X_n 是同相数据，Y_n 是正交数据。$I(t)$ 是同相分量，$Q(t)$ 是正交分量。因此 4PSK 信号是两个载波正交的 2PSK 信号的叠加，由此可构造 4PSK 的调制器。

从式（9-26）可知，4PSK 信号的功率谱形成与 2PSK 相似，同时 4PSK 信号的带宽：

$$B_T = \frac{2}{T_s} = \frac{1}{T_b}$$ (9-28)

是 2PSK 信号带宽的一半。这就是在相同信息速率条件下，多进制调制优于二进制调制。同样，8PSK 信号的带宽是 2PSK 的 $\frac{1}{3}$。

（2）4PSK 信号的产生

与 2PSK 相同，4 相绝对调相也存在相位模糊，所以在发端都采用相对调相方式，记作 4DPSK。4DPSK 调制器原理如图 9-17 所示。

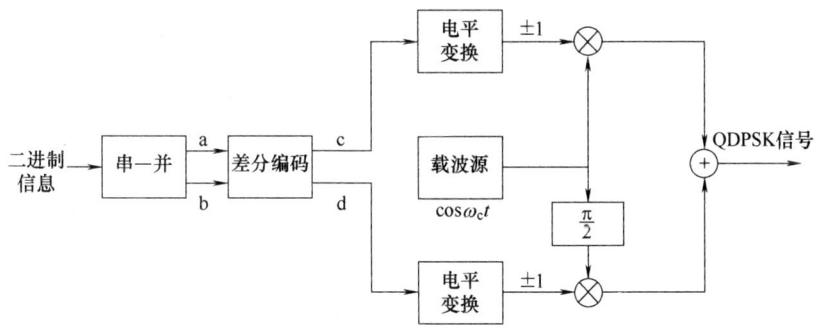

图 9-17 4DPSK 调制器原理框图

图中串—并变换器是将串行的二进制数字绝对码变为并行的双比特码流（a_n、b_n）。差分编码器是将并行的绝对码（a_n、b_n）变换为并行的相对码（c_n、d_n），经电平变换分别对两路正交载波 $\cos\omega_c t$ 和 $\sin\omega_c t$ 进行绝对调相，这与 2PSK 具有相同电路。其中一路产生 0°与 180°两种状态，另一路产生 90°与 270°两种状态。最后两路已调载波合成为 4DPSK 已调信号，合成后的四种相位状态为 45°，135°，225°或 315°。4DPSK 正交调制信号星座图如图 9-16 (b) 所示,其中相位关系见表 9-2。

表 9-2　　　　　　　　　　　4DPSK 正交调制信号的相位关系

c'_n	0	0	1	1
d'_n	0	1	1	0
$I(t)$ 支路输出信号相位	180°	180°	0°	0°
$Q(t)$ 支路输出信号相位	270°	90°	90°	270°
相加合成输出信号相位	225°	135°	45°	315°

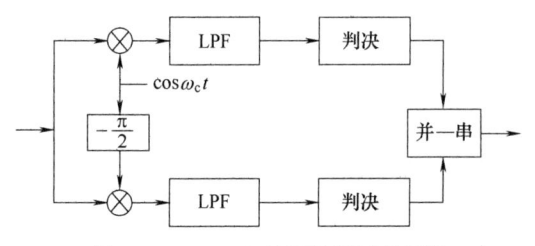

图 9-18　4DPSK 相干解调原理框图

(3) 4DPSK 信号的解调

4DPSK 信号的解调可采用相干解调法,方框原理图如图 9-18 所示。图中将所收到的信号分别用两个支路来解调,并分别通过低通滤波器后被判决 "0" 或 "1" 信号,最后再经并-串变换电路合并成串行二进制数字信号。

假定所接收到的四相调制信号是 $A\cos(\omega_c t+\varphi)$,其中 φ 是调制后的载波相位,A 是信号幅度。经过相干解调后上面一个支路的输出是:

$$A\cos(\omega_c t+\varphi)\cos\omega_c t=\frac{1}{2}A\cos\varphi+\frac{1}{2}A\cos(2\omega_c t+\varphi)$$

其中 $2\omega_c$ 频率分量不能通过低通滤波器。因此,除了系数 $\frac{1}{2}A$ 以外,判决电路的输出将决定于 $\cos\varphi$。

同理,下面一个支路的输出是:

$$A\cos(\omega_c t+\varphi)\sin\omega_c t=\frac{1}{2}A\sin(2\omega_c t+\varphi)-\frac{A}{2}\sin\varphi$$

其中,只有 $\frac{A}{2}\sin\varphi$ 可以通过低通滤波器,判决电路的输出将决定于 $\sin\varphi$。

因此,判决电路是根据 $\cos\varphi$(上支路)和 $\sin\varphi$(下支路)的极性加以判决。

从表 9-2 可知,发送信号的 4 个相位是 45°、135°、225°和 315°,将 $\cos\varphi$ 和 $\sin\varphi$ 极性以及判决电路输出列于表 9-3。

表 9-3　　　　　　　　　　　极性与判决电路输出

载波相位 φ	$\cos\varphi$ 极性	$\sin\varphi$ 极性	判决输出	
			上支路	下支路
45° $\left(\frac{\pi}{4}\right)$	+	+	1	1
135° $\left(\frac{3\pi}{4}\right)$	−	+	0	1
225° $\left(-\frac{3\pi}{4}\right)$	−	−	0	0
315° $\left(-\frac{\pi}{4}\right)$	+	−	1	0

由表 9-3 可见,当极性为正时判决输出为 "1",当极性为负时判决输出为 "0"。因此,可以看出,在发送端为 "01" 数据时,载波相位为 135°,在接收端可根据表 9-3 被判决为 "01",正确地恢复了原来的信号。

8 相调制的概念与 4 相调制基本相同就不再介绍。多进制调制技术是提高频谱利用率的有效方法,除了使用多相调制外,还可以使用其他调制方式。

9.4.2 正交幅度调制 (QAM)

正交幅度调制是利用多进制振幅键控（MASK）和正交载波调制相结合产生的,方法是利用同相载波 $\cos\omega_c t$ 传送一路 ASK 信号,利用正交载波传送另一路 ASK 信号,然后合成信号,提高频带利用率。

QAM 信号时域表示式与 4PSK 相似,可表示为:

$$S_{QAM}(t) = I(t)\cos\omega_c t - Q(t)\sin\omega_c t \tag{9-29}$$

式中

$$I(t) = \sum_n X_n g(t - nT_s)$$

$$Q(t) = \sum_n Y_n g(t - nT_s)$$

这里 X_n 和 Y_n 为双极性多电平,取值为 $\pm 1, \pm 3, \cdots, \pm(n-1)$。

根据正交表达式 (9-29),QAM 信号的产生可用正交调制的方法,调制器方框图如图 9-19 所示。

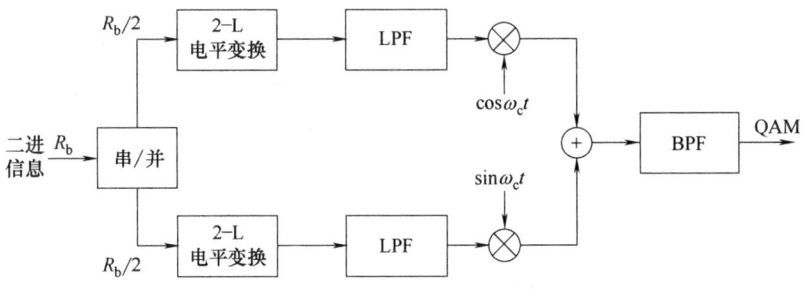

图 9-19 QAM 调制器框图

图中串/并变换器将速率为 R_b 的二进制码元序列分为两路,速率为 $\dfrac{R_b}{2}$。2-L 电平变换器是将速率为 $\dfrac{R_b}{2}$ 的二进制码元序列变成速率为 $R_s = \dfrac{R_b}{\log_2 M}$ 的 L 个电平信号,L 个电平信号与正交载波相乘,完成正交调制,两路信号叠加后产生 MQAM 信号。

例如在两路速率为 $\dfrac{R_b}{2}$ 的二进制码元序列中,分别取两个码元 (a_1, a_2) 和 (b_1, b_2) 编为一组,经 2-L 电平变换器输出为 4 电平信号,即 $L=4$。经 4 电平正交幅度调制和叠加后,输出为 16 个信号状态,记为 16QAM,即 $M=16$, $R_s = \dfrac{R_b}{\log_2 16} = \dfrac{R_b}{4}$。同理,二电平正交幅度调制合成后有 4 个信号状态,即 4PSK;八电平正交幅度调制合成后有 64 个信号状态,即 64QAM。依次类推,有 256QAM 等。图 9-20 给出 16QAM 信号星座图。

16QAM 信号星座图与输入的双比特码元 (a_1, a_2) 和 (b_1, b_2) 的映射关系,如图 9-21 所示,图中采用二进制自然码。16QAM 信号解调同样可以采用正交相干解调方法,方框图如图 9-22 所示。

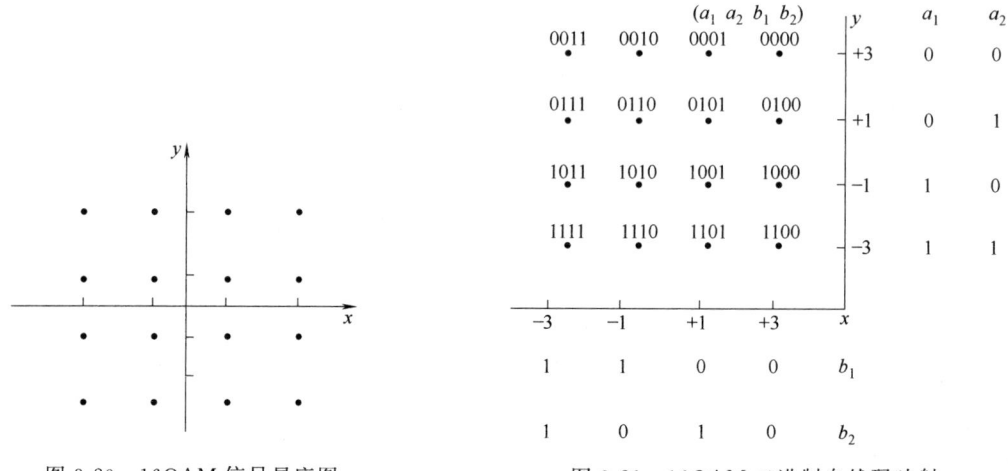

图 9-20 16QAM 信号星座图　　　　图 9-21 16QAM 二进制自然码映射

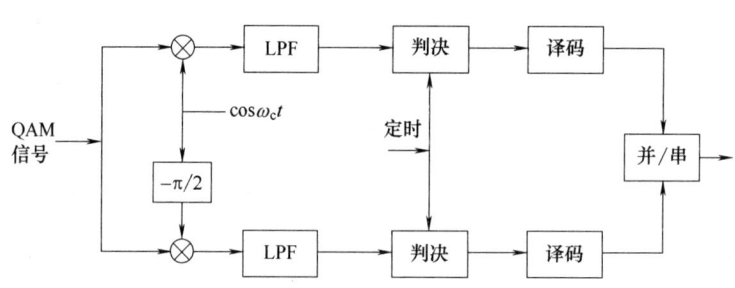

图 9-22 16QAM 正交相干解调框图

已经熟悉正交相干解调,图中恢复 $I(t)$ 和 $Q(t)$ 要用 ($L-1$) 个门限电平去判决,然后根据 ($L-1$) 个判决结果,译码恢复速率为 $\dfrac{R_b}{2}$ 的二进制码元序列,最后由并/串变换合并成速率为 R_b 的二进制码元序列。

对于 16QAM 解调,需设置三个判决电平 V_T,分别是 0 和 ±2,门限判决规则及记号为(以同相支路为例):

$$\hat{X}_k(V_T) = \begin{cases} 0 & X_k > V_T \\ 1 & X_k < V_T \end{cases}$$

判决结果见表 9-4。有三个判决结果,译码恢复 $\hat{b}_1$、$\hat{b}_2$,通过观察可得译码的逻辑关系。

$$\hat{b}_{1k} = \hat{X}_k(0)$$

$$\hat{b}_{2k} = \hat{X}_k(0) \oplus \hat{X}_k(+2) \oplus \hat{X}_k(-2)$$

表 9-4　16QAM 解调的判决结果

x_k	b_1	b_2	$\hat{X}_k(0)$	$\hat{X}_k(+2)$	$\hat{X}_k(-2)$
+3	0	0	0	0	0
+1	0	1	0	1	0
−1	1	0	1	1	1
−3	1	1	1	1	1

9.4.3　最小频移键控（MSK）

最小频移键控（MSK）实际上是相位连续的频移键控的一个特例。在 9.2 节中所介绍的频移键控 FSK，随着二进制码元极性改变，已调波的频率相应跳变。一般来说，在相邻码元交界处相位是不连续的。这时 2FSK 信号的带宽 B_t 比较宽，降低了频带利用率。MSK 具有正交信号的最小频差，调制指数 $h=0.5$，相邻码元交界处相位保持连续的频移键控。MSK 的功率谱非常集中、带外功率很小、频带利用率高、抗噪声性能相当于 2PSK。因此 MSK 得到了广泛重视和应用。

9.5　数字调制系统的性能

9.5.1　二进制数字调制系统

衡量数字通信系统的性能有两个指标，即有效性和可靠性。它们的相同条件是：①码元速率 $R_b=\dfrac{1}{T_b}$；②信号的平均功率为 $\dfrac{A^2}{2}$；③解调系统输入为高斯白噪声，其功率谱为 $\dfrac{N_0}{2}$。表 9-5 列出 2ASK、2FSK 和 2PSK 的带宽和不同解调方案的误码率公式。

表 9-5　2ASK、2FSK 和 2PSK 的带宽和误码率公式

调制解调方法	传输带宽 B_T	误码率 p_e
相干 2ASK	$\dfrac{2}{T_b}=2R_b$	$\dfrac{1}{2}erfc\left(\sqrt{\dfrac{E}{4N_0}}\right)=\dfrac{1}{2}erfc\left(\sqrt{\dfrac{A^2T_b}{8N_0}}\right)$
非相干 2ASK	$\dfrac{2}{T_b}=2R_b$	$\dfrac{1}{2}\exp\left(-\dfrac{E}{4N_0}\right)=\dfrac{1}{2}\exp\left(-\dfrac{A^2T_b}{8N_0}\right)$
相干 2FSK	$2f_d+2R_b$	$\dfrac{1}{2}erfc\left(\sqrt{\dfrac{E}{2N_0}}\right)=\dfrac{1}{2}erfc\left(\sqrt{\dfrac{A^2T_b}{4N_0}}\right)$
非相干 2FSK	$2f_d+2R_b$	$\dfrac{1}{2}\exp\left(-\dfrac{E}{2N_0}\right)=\dfrac{1}{2}\exp\left(-\dfrac{A^2T_b}{4N_0}\right)$
相干 2PSK	$\dfrac{2}{T_b}=2R_b$	$\dfrac{1}{2}erfc\left(\sqrt{\dfrac{E}{N_0}}\right)=\dfrac{1}{2}erfc\left(\sqrt{\dfrac{A^2T_b}{2N_0}}\right)$
差分相干 2DPSK	$\dfrac{2}{T_b}=2R_b$	$\dfrac{1}{2}\exp\left(-\dfrac{E}{N_0}\right)=\dfrac{1}{2}\exp\left(-\dfrac{A^2T_b}{2N_0}\right)$

表中 E 表示每比特信息的能量，则平时比特能量与噪声谱高之比 $\dfrac{E}{N_b}$ 称为归一化功率噪声比。式中 $erfc(\ )$ 为互补误差函数，其定义为

$$erfc(x) = 1 - \dfrac{2}{\sqrt{\pi}} \int_0^x \exp\{-z^2\} \, dz = 1 - erf(x)$$

$$erf(x) = \dfrac{2}{\sqrt{\pi}} \int_0^x e^{-t^2} \, dt，称为误差函数$$

从表 9-5 可知：

① 2PSK 和 2ASK 信号具有相同的传输带宽，而 2FSK 要求比较宽的传输带宽，所以 2FSK 的频带利用率较差。

② 从公式可见，非相干解调和相干解调的误码率公式都是指数函数或互补误差函数，且有一定的规律性，因而 2PSK 抗噪声性能优于 2FSK 和 2ASK。

③ 在同一类调制方式中，相干解调的抗噪声性能优于非相干解调。

9.5.2 多进制数字调制系统

多进制数字调制是提高频谱利用率的有效方法。前面介绍的四相相移键控（4PSK）与二相相移键控（2PSK）比较，在带宽相同的情况下，信息速率可以提高一倍，八相相移键控（8PSK）信息速率可以提高两倍。

对于正交幅度调制（MQAM），在提高频谱利用率方面与多进制相移键控（MPSK）具有相同的效果。

表 9-6 给出了误比特率在 10^{-4} 的情况下，部分调制解调方式所要求的归一化功率信噪比 $\dfrac{E}{N_0}$。

表 9-6　　数字调制解调方式与归一化功率信噪比

	数字调制解调方式	$\dfrac{E}{N_0}$/dB
2FSK	非相干解调	12.5
2PSK	相干解调	8.4
2DPSK	差分相干解调	9.3
4PSK	相干解调	8.4
4DPSK	差分相干解调	10.7
8PSK	相干解调	11.8
4QAM	相干解调	8.4
16QAM	相干解调	12.4
8QAM	相干解调	10.7

从表 9-6 可知，4PSK 的抗噪声性能与 2PSK 相同，但是 4PSK 的频带利用率比 2PSK 高，所以，4PSK 调制方式得到广泛应用。一般来说，在同一类调制方式中，随着多进制 M 增大，频带利用率增大，而抗噪声性能变差。当 $M > 16$ 时，一般不采用相移键控的调制方式，而是采用正交幅度调制方式，即 16QAM、64QAM、128QAM 和 256QAM，这时可以得到很高的频带利用率。

思考与练习

一、思考题

1. 数字调制系统与数字基带传输系统有哪些异同点?
2. 什么是 2ASK 调制？2ASK 信号调制和解调方式有哪些？其工作原理是什么？
3. 2ASK 信号的功率谱有什么特点？
4. 试比较相干检测 2ASK 系统和包络检测 2ASK 系统的性能及特点。
5. 什么是 2FSK 调制？2FSK 信号调制和解调方式有哪些？其工作原理是什么？
6. 画出频率键控法产生 2FSK 信号和包络检测法解调 2FSK 信号时系统的方框图。
7. 2FSK 信号的功率谱有什么特点？
8. 试比较相干检测 2FSK 系统和包络检测 2FSK 系统的性能和特点。
9. 什么是绝对移相调制？什么是相对移相调制？它们之间有什么相同和不同点？
10. 2PSK 信号、2DPSK 信号的调制和解调方式有哪些？试说明其工作原理。
11. 画出相位比较法解调 2DPSK 信号的方框图及波形图。
12. 2PSK、2DPSK 信号的功率谱有什么特点？
13. 试比较 2PSK、2DPSK 系统的性能和特点。
14. 试比较 2ASK 信号、2FSK 信号、2PSK 信号和 2DPSK 信号的功率谱密度和带宽之间的相同与不同点。
15. 试比较 2ASK 信号、2FSK 信号、2PSK 信号和 2DPSK 信号的抗噪声性能。
16. 简述振幅键控、频移键控和相移键控三种调制方式各自的主要优点和缺点。
17. 简述多进制数字调制的原理，与二进制数字调制比较，多进制数字调制有哪些优点。

二、计算题

1. 已知某 2ASK 系统的码元传输速率为 1200b/s，载频为 2400Hz，若发送的数字信息序列为 011011010，试画出 2ASK 信号的波形图并计算其带宽。

2. 已知 2ASK 系统的传码率为 1000b/s，调制载波为 $A\cos 140\pi \times 10^6 t$ V。
(1) 求该 2ASK 信号的频带宽度。
(2) 若采用相干解调器接收，请画出解调器中的带通滤波器和低通滤波器的传输函数幅频特性示意图。

3. 在 2ASK 系统中，已知码元传输速率 $R_B = 2 \times 10^6$ b/s，信道噪声为加性高斯白噪声，其双边功率谱密度 $n_0/2 = 3 \times 10^{-18}$ W/Hz，接收端解调器输入信号的振幅 $a = 40\mu$V。
(1) 若采用相干解调，试求系统的误码率。
(2) 若采用非相干解调，试求系统的误码率。

4. 2ASK 包络检测接收机输入端的平均信噪功率比 r 为 7dB，输入端高斯白噪声的双边功率谱密度为 2×10^{-14} W/Hz，码元传输速率为 50b/s，设 "1" "0" 等概率出现。试计算最佳判决门限及系统的误码率。

5. 已知某 2FSK 系统的码元传输速率为 1200b/s，发"0"时载频为 2400Hz，发"1"时载频为 4800Hz，若发送的数字信息序列为 011011010，试画出 2FSK 信号波形图并计算其带宽。

6. 试说明：

（1）2FSK 信号与 2ASK 信号的区别与联系。

（2）2FSK 解调系统与 2ASK 解调系统的区别与联系。

7. 某 2FSK 系统的传码率为 2×10^6 b/s，"1"码和"0"码对应的载波频率分别为 $f_1 = 10\text{MHz}$，$f_2 = 15\text{MHz}$。

（1）请问相干解调器中的两个带通滤波器及两个低通滤波器应具有怎样的幅频特性？画出示意图说明。

（2）试求该 2FSK 信号占用的频带宽度。

8. 在 2FSK 系统中，码元传输速率 $R_B = 0.2\text{MB}$，发送"1"符号的频率 $f_1 = 1.25\text{MHz}$，发送"0"符号的频率 $f_2 = 0.85\text{MHz}$，且发送概率相等。若信道为加性高斯白噪声，其双边功率谱密度 $n_0/2 = 10^{-12}$ W/Hz，解调器输入信号振幅 $a = 4$mV。

（1）试求 2FSK 信号频带宽度。

（2）若采用相干解调，试求系统的误码率。

（3）若采用包络检测法解调，试求系统的误码率。

9. 已知数字信息为 1101001，并设码元宽度是载波周期的两倍，试画出绝对码、相对码、2PSK 信号、2DPSK 信号的波形。

10. 设某相移键控信号的波形如图所示，试问：

（1）若此信号是绝对相移信号，它所对应的二进制数字序列是什么？

（2）若此信号是相对相移信号，且已知相邻相位差为 0 时对应"1"码元，相位差为 π 时对应"0"码元，则它所对应的二进制数字序列又是什么？

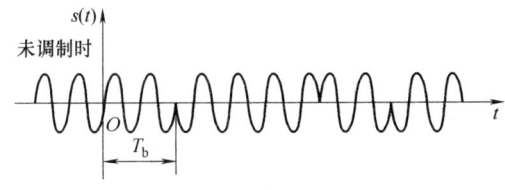

题 10 图

11. 若载频为 2400Hz，码元速率为 1200b/s，发送的数字信息序列为 010110，试画出 $\Delta\varphi_n = 270°$，代表"0"码，$\Delta\varphi_n = 90°$，代表"1"码的 2DPSK 信号波形（注：$\Delta\varphi_n = \varphi_n - \varphi_{n-1}$）。

12. 在二进制数字调制系统中，设解调器输入信噪比 $r = 7$dB。试求相干解调 2PSK、相干解调—码变换 2DPSK 和差分相干 2DPSK 系统的误码率。

13. 在二进制数字调制系统中，已知码元传输速率 $R_B = 1$MB，接收机输入高斯白噪声的双边功率谱密度 $n_0/2 = 10^{-16}$ W/Hz。若要求解调器输出误码率 $P_e \leqslant 10^{-4}$，试求相干解调和非相干解调 2ASK、相干解调和非相干解调 2FSK、相干解调 2PSK 系统及相干解调和差分相干解调 2DPSK 的输入信号功率。

14. 画出直接调相法产生 4PSK（B 方式）信号的方框图，并作必要的说明。

15. 画出差分正交解调 4DPSK（B 方式）的方框图，并说明判决器的判决准则。

16. 已知数字基带信号的信息速率为 2049kb/s，请问分别采用 2PSK 方式及 4PSK 方式传输时所需的信道带宽为多少？频带利用率为多少？

参 考 文 献

[1] 孙青华. 通信概论[M]. 北京：高等教育出版社，2019.
[2] 严晓华，包晓蕾. 现代通信技术基础[M]. 北京：清华大学出版社，2019.
[3] 陈爱军. 深入浅出通信原理[M]. 北京：清华大学出版社，2018.
[4] 廉飞宇，朱月秀. 现代通信技术：第4版[M]. 北京：电子工业出版社，2018.
[5] 樊昌信，曹丽娜. 通信原理：第7版[M]. 北京：国防工业出版社，2013.
[6] 孙青华. 现代通信技术及应用：第3版[M]. 北京：人民邮电出版社，2014.
[7] 李白萍，王志明. 现代通信系统[M]. 北京：北京大学出版社，2019.
[8] 沈庆国. 现代通信网络：第3版[M]. 北京：人民邮电出版社，2017.